Deutlicher und praktischer

Unterricht,

Wolle, Tücher,

und

wollene Zeuge zu färben,

für

Fabrikanten und Färber.

Herausgegeben

von

Ch. St.

Leipzig,
bey Georg Joachim Göschen,
1789.

Vorrede.

Hellot, Gulich, Pörner, und andere große Männer, haben vortrefliche Werke über die Färbekunst herausgegeben. So nützlich dieselben für Leute von gelehrten Kentnissen sind, so wenig können sie von Aufsehern der Fabriken und andern Färbern genutzt werden, weil es diesen gewöhnlich an Kentniß der Chemie und Physik und jenen großen Theoretikern oft an praktischen Erfahrungen in den Fabrik- und Manufaktur-geschäften fehlt. So wird zum Beyspiel in den Werken der genannten Schriftsteller zu wenig Rücksicht auf die erste Regel aller Fabriken, auf Ersparniß, genommen. Durch diese Gründe bin ich bewogen worden, folgenden praktischen Unterricht, welcher die Erfahrungen enthält, die ich während meines Lebens, als Vorsteher einer großen Fabrik-anstalt gemacht habe, herauszugeben. Vornehmlich ist meine Absicht, deutlich für Jedermann zu seyn, und mein Grundsatz, den ich immer vor Augen gehabt: wohlfeil und gut.

Die Fabrik, welche nach Gulichs Anweisung mit distillirten Citronensaft und andern

dern kostbaren Essenzen, oder nach Hellot schwarz — zwar schön und haltbar, aber theuer — färben wollte, würde schwerlich ihre Rechnung dabey finden. So ist Hellots Art, die Küpe anzusetzen, nicht so kurz und bestimmt, als die meinige. Auch wird man finden, daß ich bey dem Sächsischen Grün und Sächsischen Blau, wie die mehresten Chymiker, rathe, den Indigo zu waschen und zu verfeinern, daß aber bey meinem Verfahren nur 2 pro Cent statt 20 pro Cent Abgang sind, und dennoch die Farben viel lebhafter und feuriger werden. Nicht weniger schmeichle ich mir, daß andere, so wie ich, die Art, Scharlach, Karmosin und Rosenroth zu färben, nach meiner Anweisung am besten und wohlfeilsten finden werden.

Ich habe zuletzt ein kleines Wörterbuch der bey der Färberey gebräuchlichen Kunstwörter, wie auch vieler in der Färberey vorkommender Materialien, ihrer Entstehung und ihres Gebrauchs für ungelehrte Färber beygefügt, und wünsche, daß es so, wie der ganze Unterricht, denjenigen, für die ich es bestimmt habe, recht nützlich seyn möge.

Der Verfasser.

Von

Von den zum Färben bestimmten rohen Produkten, und deren Reinigung.

Die rohe Wolle wird gemeiniglich so, wie sie von Schaafen abgeschoren ist, in große härene Säcke verpackt, und zum Verkaufe verführt. Nur in wenig Ländern hat man die Gewohnheit, daß die Schaafe vor dem Scheeren gewaschen werden, wodurch die Wolle beynahe um 10 vom Hundert ausgebender wird, als jene, die ungewaschen von der Schur kommt. Ob man nun wohl aus einigen Gegenden Wolle erhält, welche nicht gar zu viele Unreinigkeit vom Schaafe mehr an sich hat, so könnte solche doch nicht ohne eine nochmalilige Wäsche gefärbt werden, weil sie noch zu viel Schweiß und Fettigkeit an sich hat, welche allen Farben schädlich wäre.

Da man nun in Tuch- und Zeugfabriken Waaren von verschiedener Feinheit verfertiget, so geschiehet es gemeiniglich, daß solche vor dem Waschen in verschiedene Gattungen gebracht wird, und diese Bearbeitung nennt man in Fabriken durchgehends das Wollklauben.

Das Wollklauben, oder Wollsortiren.

Diese Arbeit wird von gemeinen Arbeitern verrichtet, welche täglich 15 bis 17 Kreuzer Löhnung haben, oder sie werden nach dem Centner bezahlt, wodurch sie, besonders zur Sommerszeit bey langen Tagen, auf einem weit höhern Lohn arbeiten können. Ueber eine gewisse Anzahl dieser Sortirer ist ein Meister gesetzt, welcher Obsicht tragen muß,

daß

daß die Arbeit recht geschiehet. Gemeiniglich sitzen zwölf Mann an einer Horde, welche die Gestalt eines langen Tisches hat, nur daß anstatt der Tischplatte, die Horde mit dünnen Stricken sehr enge geflochten ist, damit nichts als der Staub und Unrath von der Wolle durchfallen kann. Auf diese Horden wird die Wolle ausgebreitet, jeder Arbeiter, welcher eine Scheere neben sich liegen hat, um die gelben Spitzen von der Wolle damit abzuschneiden, nimmt eine Hand voll um die andere, und wirft solche in die hinter ihm stehende Kästen, wovon jeder zu einer gewissen Wollsorte seine Bestimmung hat. In Zeugfabriken, wo man beynahe alle in der Handlung bekannten Waarenartikel fabriziret, macht man gemeiniglich 16 Sorten, deren Benennung aber willkührlich, und in jedem Lande beynahe anders ist. Von den Kästen wird die sortirte Wolle wieder in große Säcke gethan, welche mit den für jede Wollgattung bestimmten Zeichen versehen sind. Nach dem Sortiren wird die zwote Bearbeitung mit ihr unternommen. In großen Zeugfabriken hat man eigene Wollschlager, welche von jedem Theil Wolle (16 Pfunde) ihre bestimmte Löhnung haben, die jeder Wollkämmer bezahlen muß, wenn er sich seine Wolle nicht selbst schlagen will. Das Wollschlagen geschiehet ebenfalls auf einer Horde, welche mit fingerdicken Stäben sehr enge geflochten ist, daß nichts von der Wolle, sondern nur der Staub und Unrath davon durchfallen kann. Diese Horden liegen auf einem starken Gestelle, welches 2½ Schuh hoch, 3 Schuh breit, und 4 Schuh lang ist. Auf diese Horden wird so viel Wolle auf einmal ausgebreitet, daß die Arbeiter mit den Stäben bis auf den Grund schlagen können. An beyden Seiten der Horde stehen zwey Arbeiter mit fingerdicken Stäben, und schlagen so lange auf die Wolle, bis sie sehen, daß solche nicht mehr zusammen gepicht ist. Von den Wollschlagern nehmen sie die Kämmer in Empfang,

und

und bringen solche in die Wollwäscherey; hierauf folgt dann

Das Wollwaschen.

Bey großen Fabrikanstalten hat man hierzu wiederum eigen gewidmete Arbeiter, welche nach dem Centner bezahlt werden: In dieser Werkstatt siehet man einen großen Kessel zum Erhitzen des Wassers. Verschiedene hölzerne Gefäße, theils zum Wasser tragen, theils zum Auflösen der dünn gehobelten Seife. Einen großen Hobel, worauf die Seife in Tafeln sehr geschwinde ganz klein gehobelt wird, daß sie sich leichter auflöset. Ein Waschgestelle, welches aus zwo aufrecht stehenden starken Säulen, die unten und oben mit starken Querriegeln versehen sind, bestehet; in jede dieser Säulen ist ein großer eiserner Haken angebracht, wovon der eine fest gemacht, der andere aber beweglich ist; zwischen diesen beyden Haken stehet unterhalb ein länglichtes hölzernes Geschirr, worein

heißes

heißes Wasser mit aufgelöster Seife geschüttet wird, in diesem heißen Seifenbade werden etliche Pfund Wolle mit den Händen einigemale durchdruckt, dann mit den Händen abgestreift, in beyde Haken an einander hängend eingeschlagen, und mit dem beweglichen Windehaken stark ausgewunden. Diese gewaschene und ausgewundene Wolle wird darauf geschwinde wieder aus einander gebracht und locker gemacht; man thut sie wieder in große Körbe, worauf solche von den Kämmern theilweiß, zu 16 Pfunden, wie sie ist gewaschen worden, in die Kämmereywerkstatt gebracht, auf eigen hierzu angebrachten Latten aufgehängt und getrocknet wird. Auf diese Art wird nicht nur die zum Kämmen und weiterer Fabrikazion bestimmte Wolle gewaschen, sondern auch diejenige, welche zu Tüchern, die in der Wolle gefärbt werden, meelirten Molledons, und Halbtüchern bestimmt ist. Zu einem Centner Wolle sind 8 Pfund Seife hinlänglich, daß solche sowol zum Kämmen als Färben rein genug gewaschen wird.

Das Waschen der gesponnenen Wolle.

Diese ist gewöhnlichermaßen, wie sie von den Spinnerinnen kommt, in Strehnen sehr feste zusammen gedrehet, und Pfundweiß in Packete zusammen gebunden, auch die Gebünde oder Schnalze sind so feste gebunden, daß die gesponnene Wolle in diesem Zustande weder durchaus rein gewaschen, noch gleich gefärbt werden könnte; die Pfunde werden also vorhero aufgemacht, die Strehne aufgedreht, die Gebünde aufgeschnitten, und mit Wollenfäden ganz locker unterbunden, so, daß jeder Strehn, vermittelst dieses Unterbindens, in 2 Theile kann abgetheilt werden. Nach diesem Auflösen und Unterbinden, werden etliche Strehne mit einander ganz locker zusammen gedreht, und in ein geraumiges hölzernes Geschirr geworfen; wenn dieses Gefäß mit solchen locker zusammen gewickelten Strehnen angefüllet ist, schüttet man siedendheißes Wasser darüber, welches man das Garnabbrühen heißt. Nach einer Stunde wird

wird das Garn vom Wasser befreyet, welches ganz schmuzig davon abläuft, und wenn die Wolle verkühlt ist, wird sie auf einer ähnlichen Waschmaschine, wie die ungesponnene Wolle, in heißem Wasser und Seife gewaschen. Auf einen Centner gesponnene Wolle sind 4 Pfund Seife hinreichend, um solche rein genug zu waschen. Diese Bearbeitung macht die Wolle zwar weiß genug, allein sie würde die Farben doch nicht zum besten annehmen, wenn sie nach dem Waschen gleich so in die Farbe gebracht würde, sondern man muß solche vor dem Färben von dem ihr noch anhängenden Seifenwasser zu befreyen suchen, und gleich nach der Wäsche im fließenden Wasser rein ausspühlen, oder man ziehet die gewaschene Garne vor dem Färben im Kessel etlichemal um, ehe noch etwas von den Farbmaterialien hinein gekommen ist, und das Wasser zu sieden anfängt, wodurch solche ebenfalls von der Seife hinlänglich gereiniget werden.

Vom Waschen der Tücher und tuchartigen Zeuge.

Diese werden durchgehends auf der Walkmühle von ihrer Fettigkeit befreyet. Man bedienet sich hierzu gemeiniglich der Walkererde, welche seifenartiger Eigenschaft daß sie die Tücher von allem Schmuz rein macht, und der Wolle ihre Gelindigkeit erhält. Indessen wird zu solchen Tüchern, welche eine sehr lebhafte und helle Farbe erhalten sollen, oder zu weiß bestimmt sind, nebst der Walkererde auch noch etwas Seife darzu genommen, wodurch die Tücher so weiß und rein, als nur möglich ausfallen.

Die tuchartigen Zeuge, als: Kronrasche, Halbkronrasche, Serges Imperiales u. s. w., könnten auf die nämliche Art mit der Walkererde währendem Walken gewaschen werden, allein man nimmt hierzu meistens nur Potasche, wodurch sie zwar rein genug werden, daß sie die Farben gerne annehmen; alleine ich würde nebst der Potasche auch etwas

was weniges Seife darzu anrathen, weil durch Letztere, als ein gelindes Alkali, die Wolle ihre natürliche Gelindigkeit erhält; die Potasche hingegen macht die Wolle etwas hart und spröde. Letztere scheint dahero nur darum vorzüglich vor der Seife genommen zu werden, weil sie noch einmal so wohlfeil als die Seife ist.

Vom Waschen der gezwirnten und einfachen Zeuge.

Alle gezwirnten Zeugwaaren werden gemeiniglich aus gewaschenen Garnen gewebt, sie sind dahero auch sehr leicht von ihrem Schmuz zu reinigen, und zur Färberey geschickt zu machen, weil nichts anders als der Leim, welchen die Zeugmacher zu den Ketten nehmen, darinnen befindlich ist. Man wäschet die gezwirnten Zeuge nicht gleich wie sie vom Weberstuhl kommen, sondern sie werden gewöhnlich vorher vermittelst einer Art Konvoye, fest auf Walzen von Linden- oder Ahorn-

Ahornholze aufgewickelt, gemeiniglich zwey Stücke auf eine Walze. Mit diesen Walzen, oder Rollhölzern, werden die Zeuge in große Bottige, welche tief genug sind, daß die Walzen nicht darüber herausstehen, gestellt. Wenn eine solche Bottige mit aufkonroyeter gezwirnter Waare angefüllt ist, streuet man etliche Hände voll Weizenkleyen darüber her, und füllet die Bottige mit Wasser an, welches aber nur so heiß seyn darf, daß man die Hand etliche Minuten lang darinnen leiden kann, ohne sich zu verbrennen, dieses warme Wasser muß über die Zeuge zusammen gehen, und die Bottige wird mit einem wohl passenden Deckel bedeckt. Man lässet das Wasser 4 Stunden lang darauf stehen, worauf es vermittelst eines unten befindlichen Zapfens abgelassen wird. Hierdurch wird der in der Waare befindliche Leim und Schmuz größtentheils erweicht und aufgelöset, daß das darauf folgende siedend heiße Wasser, wenig oder gar keine Unreinigkeit mehr antrift, die sich in die Waare hinein brühen, und darinn festsetzen könnte. Wenn das erste Wasser abgezapft ist, hat man gewöhnlich anderes siedend heißes in Bereitschaft, welches über die bereits erwärmten und erweichten Zeuge gegossen, und die Bottige damit angefüllet wird. Dieses zweyte Wasser lässet man gemeiniglich nur zwo Stunden darauf stehen, welche Zeit hinlänglich ist, daß die Zeuge genugsam durchbrühet, und in den Stand gesetzt werden, sich in der darauf folgenden siedend heißen Farbe nicht zusammen zu runzeln. Nach 2 Stunden wird das zweyte Wasser wieder weggelassen, und eine Stunde darnach werden die Zeuge aus der Bottige heraus genommen und einzeln gestellet, daß sie auskühlen können.

Im Sommer lässet man diese gebrühten Zeuge 12 bis 18 Stunden stehen, damit sie durchaus gut verkühlen, im Winter aber sind 6 bis 8 Stunden hinlänglich, daß solche durch und durch kühl werden. Wenn die Zeuge solchergestalt genugsam ausgekühlt sind, werden solche von den Rollhölzern abgezogen, wobey man bemerken wird, daß sie so glatt sind, als wenn sie schon zugerichtet wären, in diesem Zustande erhalten sie sich auch beständig, wenn sie in den darauf folgenden

Farben auch 3 bis 4 Stunden sieden müssen, welches eine Folge des Brühens mit siedend heißem Wasser ist.

Nach dem Abziehen werden diese gebrühten Zeuge mit heißem Wasser und ein wenig aufgelöster Potasche, oder Seife gewaschen, und nach dem Waschen im fließenden Wasser ausgespühlt, so sind sie zur Färberey gehörig gereinigt und vorbereitet.

Vom Waschen der fett gewebten einfachen Zeuge.

Unter diesen verstehe ich alle diejenigen Zeuge, welche zum Unterfutter bestimmt sind, als: Tamise, Challons, Soye, Creppe rc. Da diese Waaren fast durchgehends aus fetten Garnen gearbeitet werden, so müssen sie in der Wäsche viel schärfer mit Lauge, oder Potasche und Seife behandelt werden, als die gezwirnten, sonst würden diese keine Farbe gut annehmen. Die mit fetten Garnen gewebten Zeuge werden vor dem Waschen in ein geraumiges Waschgeschirr ausgebreitet, man schüttet lauh warmes Wässer mit Aschenlauge darüber, und lässet sie zwo Stunden weichen; hierauf werden diese Zeuge herausgenommen, und auf einen Schragen gelegt, daß sie ablaufen. Man richtet ein neues Bad von Aschenlauge, oder Potasche und Seife zu, worinnen die eingeweicht gewesenen Zeuge mit hölzernen Stösseln gut ausgestoßen, oder durch die Arbeiter mit den Füßen ausgetreten werden, bis sie weiß und rein sind, worauf sie wieder auf einen Schragen gebracht werden, um abzurinnen; man spühlt solche alsdann im fließenden Wasser aus, oder, wenn dieses nicht wohl thunlich, kann man sie in reinem lauh warmen Wasser ein wenig ausstoßen. Nach dem Waschen wird diese einfache Waare eben so wie die gezwirnte, auf Walzen fest aufkonroyet, mit siedend heißem Wasser abgebrühet, zugedeckt, und nach zwo Stunden abgezapft. Man ziehet die Waare, wenn sie meist ausgekühlt ist, von den Rollhölzern ab, so ist sie zum Färberengebrauch gehörig gereinigt und vorbereitet.

Vor-

Vorstehendes scheinet mir hinlänglich zu seyn, daß ein Färber alles, was ihm von Wolle ungereinigt zum Färben gebracht wird, selbst waschen, und gehörig vorbereiten lassen könne, welches zu wissen, immer eine nothwendige Sache für einen Fabrikanten und Färber ist.

Ich werde nun die Färbekunst, wie sie in berühmten Färbereyen praktisch ausgeübt wird, beschreiben, worinn gewiß jeder Färber für ihn etwas Neues, Nützliches, und Nachahmungswürdiges finden wird. Indessen scheint mir nothwendig zu seyn, vorher von dem Färbereygebäude zu reden.

Wie eine Färberey bequem angelegt und gebauet werden müsse, was man für Kessel, Werkzeuge und Materialien darzu nöthig habe, weitläuftig anzuzeigen, finde ich für überflüßig, weil es einem jeden, der nur einige Kentnisse von dem Färbereygeschäfte hat, einleuchtend seyn muß, daß eine Färberey geraumig, helle, und so nahe als möglich, an fliessendem Wasser seyn soll: denn dieses sind sehr nöthige Eigenschaften eines Färbereygebäudes. Jeder Färber wird einsehen, daß er bey seiner Arbeit hinlänglichen Raum haben müsse, um die zu färbende Waare gehörig manipuliren zu können. Die Färberey muß helle seyn, um die Farben hinlänglich zu beurtheilen. Das fliessende Wasser ist zum Ausspühlen der gesottenen und gefärbten Waare ebenfalls sehr nothwendig. Auch ist erforderlich, daß der inwendige Raum von den Kesseln etwas abhängig gepflastert werde, damit die ausgeleerten Farbbrühen gehörig ab- und in die angebrachten Kanäle rinnen können. Die Farbmaterialien hingegen, welche jedem Färber nicht so genau bekannt seyn möchten, als erforderlich ist, werde ich am Ende dieser Schrift, nach alphabetischer Ordnung, in Form eines kleinen Färbereywörterbuchs, so kurz als möglich, beschreiben, und verschiedene bey Färbern gebräuchliche Redensarten erläutern.

Von der Wollenfärberey überhaupt.

Es wäre außer meinem vorgesetzten Endzweck, wenn ich hier weitläuftig anführen wollte, wie viel man Hauptfarben in der Natur findet, und welche man als ursprüngliche Stammfarben bey der Färberey annehmen soll. Dieses mögen die Herren Gelehrten unter sich ausmachen und entscheiden, wenn es anders mit Gewißheit entschieden werden kann.

Die Neutonische Farbenlehre, welche sehr gelehrt geschrieben ist, und sieben Haupfarben in der Natur annimmt, als: Violet, Blau, Grün, Citronengelb, Goldgelb, Oraniengelb und Roth, hat mich bey meinen vielen praktischen Arbeiten nicht überzeugen können, daß gedachte sieben Hauptfarben bey der Färberey als solche können angenommen werden. Noch weniger kann ich der Meinung des Herrn Gülichs, welcher die Baumwollen- und Leinenfärberey in ein sehr helles

Licht gestellet hat, beypflichten, welcher deren nur zwo annimmt, als: Blau und Roth. Vielmehr hege ich mit Herrn Hellot gleiche Gesinnung, welcher in der Färberey fünf Hauptfarben, als: Blau, Roth, Gelb, Braun und Schwarz annimmt. Mit diesen fünf Farben und deren sehr mannichfaltigen Vermischung, lassen sich alle Farben, die nur in der Natur anzutreffen sind, hervorbringen, und ein Färber, welcher diese nach aller Vollkommenheit zu verfertigen weiß, ist gar leicht im Stande, bey einer mit aller Aufmerksamkeit angestellten Uebung, alle ihm vorkommenden Farben zu verfertigen.

Da also einem Färber die Verfertigung dieser fünf Hauptfarben, vorzüglich zu wissen nöthig sind, so will ich mit deren Beschreibung, und zwar

Vom Blauen aus der Waydküpe

den Anfang machen. Auf Wolle, und wollene Zeuge bedienet man sich insgemein dreyer-

ley

ley Arten um Blau zu färben, nämlich: Küpenblau, Sächsisch- und Falschblau. Unter diesen dreyerley blauen Farben behauptet die aus der Waydküpe, wegen ihrer Festigkeit und Dauer, den Vorzug. Um sie zu verfertigen, bedienet man sich großer kupferner Kesseln, welche eine cylindrische Gestalt haben, und Küpen genennet werden. Diese sind gewöhnlichermaßen zweymal tiefer als ein ordentlicher Farbkessel, und müssen wegen ihrer Tiefe etwas über die Hälfte in die Erde eingegraben und eingemauert werden. In grossen Zeugfabriken, wo man unter andern auch sehr viele blaue Waare zu färben hat, läßt man die Küpen gemeiniglich von solcher Grösse machen, daß man auf einmal 3 bis 4 Stücke Zeug darinn färben kann, nämlich 18 Schuh tief, und 12 Schuh weit, sie sind bis auf 2½ Schuh in die Erde eingemauert, damit die Arbeiter bequem dabey stehend arbeiten können. So weit die Küpe über der Erde stehet, ist sie mit einer Mauer umgeben, welche einen proportionirten Zwischenraum lässet, damit das Feuer (welches man gemeiniglich auf einer Seite anbringet, wo die Arbeiter nicht gehindert werden) Platz und Zugluft behält, um bey Ansetzung einer Küpe, solche gehörig erhitzen zu können.

Will man eine Küpe von beschriebener Größe ansetzen, so füllt man sie mit reinem Wasser bis auf 8 Zoll vom Rande an, und erhitzt sie solchergestalt, daß sie so heiß wird bis zum Sude, aber sieden darf sie nicht. Während dem, daß das Wasser anfängt in der Küpe warm zu werden, schüttet man ein ganzes Faß Wayd, welches 12 Erfurther Scheffel hält, und 115 bis 125 Pfund wiegt, hinein; ferner schüttet man 16 Pfund Breßlauer Röthe (oder an deren Statt 8 Pfund feinen Krapp) 8 Pfund Potasche, und eine halbe Metze Weizenkleyen hinein, dieses Mengsel rührt man wohl unter einander, die Küpe wird mit hölzern Deckeln wohl zugedeckt, und wenn sie heiß genug ist, öfnet man sie, und schüttet 12 Pfund flüßig gemachten Indigo St. Dominico, welcher mit 2 Pfund Potasche auf das feinste gestoßen und abgerieben worden, darzu hinein, alles wird wohl unter einander gerührt, die Küpe wird mit gedachten

ten Deckeln und härenen Wollsäcken zugedeckt, und bleibt 3 Stunden ruhig stehen; nach Ablauf dieser Zeit öfnet man sie wieder, und rührt sie wohl, worauf sie wie vorhin bedeckt, und nach Verlauf anderer 3 Stunden wieder recht gut gerührt wird. Eine halbe Stunde darnach hängt man ein Stückchen Zeug hinein, welches man den Stahl, oder die Probe nennet; diesen Stahl lässet man eine Stunde darinnen, ist solcher beym Herausnehmen grün, und verändert sich nach einigen Minuten in Blau, so ist die Küpe nach Art der Färber zu reden, angekommen, das heißt: sie hat schon angefangen zu gähren, und vermittelst ihrer Gährung einen Theil des Indigs aufgelöset. Aus der blauen Farbe dieses Stückchen Zeugs, muß man nun urtheilen, ob die Gährung der Küpe, und mit solcher die Auflösung des Indigo, schon so weit gediehen, daß es erforderlich ist, sie mit Kalke zu versehen, welches daran zu erkennen ist, wenn der Stahl schön Kornblau gefärbt aussiehet, und sich fast dem Lasurblauen nähert. Zeigt die Probe aber nur eine blasse Himmelblaue Farbe, und verändert sich ihre grüne

Far=

Farbe geschwinde in eine Blaue, oder wenn der Stahl bey dem Herausnehmen gar keine grüne Farbe zeigt, so darf man sie noch nicht mit Kalke versehen, sondern man muß solche wieder zudecken, und noch $1\frac{1}{2}$ Stunde ruhig stehen lassen. Ist diese Zeit verflossen, so wird sie wie gewöhnlich, gut aufgerührt, und wohl bedeckt. Nach einer halben Stunde wird wieder ein Stahl hinein gehängt, welcher ebenfalls eine Stunde darinn bleibt. Findet man diesen beym Herausnehmen schön grün, und behält er seine grüne Farbe etliche Minuten lang, ehe er solche in Blau verwandelt, so ist es Zeit sie mit Kalke zu versehen, welches beyläufig 2 gehäufte zinnerne Teller voll sind. Man bedienet sich hierzu gemeiniglich einer hölzernen Schaufel, welche ohngefähr eben so viel fasset. Der Kalk, den man hierzu braucht, wird folgendermaßen zubereitet: Man nimmt Stücke ungelöschten Kalk, tunkt eines nach dem andern in kaltes Wasser, und wirft sie in ein Faß oder Tonne, wo er sich dann vollends an der Luft ablöschet, und zu einem zarten Pulver zerfällt, welches hernach durch ein enges Sieb durchgesiebt wird.

Die-

Dieser Kalk dient in der Folge der Küpe zur Erhaltung.

Wenn man obige Kennzeichen an dem Stahl findet, daß man die Küpe mit Kalk versehen muß, so wird solcher ganz über die Küpe ausgebreitet, alles wohl unter einander gerührt, und wie vorhin bedeckt. Nach einer halben Stunde wird wieder eine Probe hinein gehängt, welche nach einer Stunde mit einem lebhafterern Grün, und in der Folge besser zusammen hängenden Blau herausgezogen wird, die grüne Farbe derselben wird sich um eine, oder wenigstens eine halbe Minute ehender als die vom vorigen Stahl, in Blau verwandeln; das Bad selbst, wenn man davon etwas mit einem großen Löffel in die Höhe ziehet, und wieder in die Küpe laufen lässet, wird seine erste Farbe, welche anfänglich schwärzlich Grün aussahe, in ein helleres Grün verwandelt haben; auf der Oberfläche der Küpe wird sich eine Menge blauer Schaum zeigen, und der Geruch wird eine vorgegangene Gährung verrathen, das ist: er wird sehr merklich von demjenigen abweichen, wel-

chen

chen sie beym ersten- und zweytenmal Rühren hatte, aber man wird doch noch keinen Kalkgeruch wahrnehmen können. Dieses sind ohngefähr die Kennzeichen, aus welchen man urtheilet, daß sie noch Kalk nöthig habe.

Drey Stunden darnach, da man sie mit Kalke versehen hatte, wird die Küpe wieder geöfnet, man streuet wieder eine ähnliche Portion Kalk, wie das erstemal darüber aus, und rührt sie gut. Nach einer halben Stunde hängt man einen Stahl hinein, welcher nach einer Stunde mit der lebhaftesten grünen Farbe heraus kömmt, die sich in 1½ bis 2 Minuten in das lebhafteste und schönste Blau verwandelt, welche blaue Farbe aber etwas lichter als die von beyden vorhergehenden Proben ist, welches daher rühret, weil der Kalk die Kraft der Gährung in etwas zurückhält, und auch das Färben ein wenig verzögert. Bemerkt man aber, daß der zweyte oder dritte Stahl sehr merklich lichter an Farbe, als der vorhergehende ist, so darf man daraus schließen, daß der ihr gegebene Kalk noch nicht genugsam verzehrt ist, in welchem Falle

man

man die Küpe rührt, ohne ihr Kalk zu geben, und hängt eine halbe Stunde darnach einen andern Stahl hinein, aus dessen Farbe man dann urtheilet, ob der Kalk genugsam verzehrt ist. Bemerkt man dieses, so wird ihr wieder Kalk gegeben, sie wird wie gewöhnlich gerührt und bedeckt, und wird mit diesem Verfahren so lange fortgefahren, bis man an der Lauge einen ganz gelinden Kalkgeruch bemerkt, welches gemeiniglich erst erfolgt, wenn sie 3, 4 bis 6 mal mit beschriebener Portion Kalk versehen ist.

Wenn die Küpe solchergestalt von drey zu drey Stunden ist gerührt, und nach Erforderniß mit Kalke versehen worden, so wird sich beym 6. bis 8. mal Rühren, so wohl die Farbe des Bades, als auch der Geruch, sehr merklich verändert haben. Erstere wird gelbbraun aussehen, und der Geruch vom Kalke wird subtil beißend seyn; auf der Oberfläche der Küpe werden sich in Menge blaue Luftblasen befinden, die sehr dunkelblau und glänzend sind. Dieses sind ohngefähr die Merkmale, daß eine Küpe in gutem Stande ist, und zum Färben dienet.

Ordentlich geschiehet das Ansetzen einer Küpe an einem Sonnabend, an diesem Tage Vormittag beschäftiget man sich mit Flüssigmachung des Indigo, und Erhitzung der Küpe. Die darauf folgende Nacht ist unumgänglich erforderlich, daß der Waydfärber von drey zu drey Stunden wachsam sey, um solche zu rühren, und die Zeit beobachte, wenn die Küpe anfängt zu gähren, welches daran zu erkennen ist, daß sich auf der Oberfläche des Bades kleine Luftblasen in Menge zeigen, die lichtblau gefärbt sind; auch riecht das Bad anders als beym erstenmal Rühren.

Dieses sind ohngefähr die Merkmale, daß eine Küpe zu gähren angefangen hat, wobey man wachsam seyn muß, daß diese Gährung nicht zu stark wird, ehe man sie mit Kalk versiehet.

Den darauf folgenden Sonntag ist es ebenfalls nothwendig, daß man alle drey Stunden sie rührt, und bemerkt, ob sie noch Kalk nöthig habe. Den darauf folgenden Montag werden die Zeuge, welche man

blau

blau färben will, in heißem Wasser wohl genetzet, und auf die, jedem Färber bekannte Art blau gefärbt.

Bey vorstehender Beschreibung einer anzustellenden Küpe, ist vorausgesetzt worden, daß alle Materialien darzu, gut seyn müssen, vorzüglich der Wayd; man hält gemeiniglich denjenigen, der bey Erfurth und Langensalza wächset, und vom ersten und zweyten Schnitt (Erndte) gesammlet wird, für den besten. Ist nun der Wayd gut, so wie auch die übrigen Zuthaten alle, so zeigt sich schon nach 7 bis 10 Stunden, daß die Küpe zu gähren anfange, und die ganze Geschicklichkeit eines Färbers bestehet bey der Waydküpe lediglich darinn: daß er die Gährung derselben wohl, und in gleichem Maaße zu unterhalten wisse, und dieses geschiehet durch den Kalk. Versiehet man solche aber zu stark mit Kalke, so wird die Gährung verhindert, und die Küpe färbt wenig, oder gar nicht. Hat man der Küpe im Gegentheil zu wenig Kalk gegeben, so ist die Gefahr (wenn man solches nicht bey Zeiten wahrnimmt) noch größer, indem eine jede Gährung, wenn sie nicht durch scharfe Mittel zurück gehalten wird, in die Fäulniß übergehet, und diß ist der Fall bey einer Küpe, wenn man sie nicht genugsam mit Kalk versiehet; denn dieser dienet, sie vor der Fäulniß zu bewahren, gleichwie das Salz ein Mittel ist, wodurch man im heißen Sommer das Fleisch vor der Fäulniß bewahren kann.

Auf einer neu angesetzten Küpe färbt man die ersten 2 oder 3 Tage die dunkelblauen Farben, und darnach die hellen, als: Kornblau, Himmelblau und Bleumurent. Hat man 5 bis 6 Tage aus einer Küpe sowohl dunkel= als hellblau gefärbt, so setzt man wieder flüßig gemachten Indig, nebst Potasche und Färberröthe zu, und in Färbereyen, wo man wegen vieler Arbeit die Zeit zu gewinnen suchen muß, geschiehet dieses Zusetzen, welches die Färber Verwärmen nennen, an einem Sonnabend, damit der zugesetzte Indig sich den Sonntag über gehörig auflösen, und den Montag darauf wieder aus der Küpe gefärbt werden könne. Aus einer solchen Küpe

färbt

färbt man gewöhnlich 6 Monate lang, ehe man sie ausleeret, und wird unter dieser Zeit nichts als Indig, Potasche, Röthe und einige Wochen nach dem Anstellen etwas vom Waid zugesetzt. Durch den Kalk, nebst mäßiger Wärme, wird sie in gleicher Gährung und färbendem Zustande erhalten.

Umständlicher läßt sich das Verfahren bey Anstellung und Unterhaltung einer Küpe nicht beschreiben. Man findet zwar in einigen Färbebüchern weitläuftigere Abhandlungen über verschiedene Arten von Küpen, allein man wird bey jedem Autor bemerken, daß das Gewicht und die Menge der Zuthaten zu einer Küpe niemals richtig angegeben ist.

Wer sich mit dem Färben, und vorzüglich mit der Küpe beschäftigen will, muß wenigstens ein Jahr lang unter einem geschickten Waidfärber praktiziren, wobey er auf alle Umstände sehr aufmerksam seyn muß, wenn er in der Folge alleine glücklich fortkommen will.

Einen Hauptumstand bey der Küpe kann ich nicht unberührt lassen, daß man sie nämlich beständig in gleicher Wärme erhalten muß. Sie darf nie zu sehr erhitzt werden, sonst ist die Farbe schnell in Unordnung gebracht, oder gar verdorben, besonders wenn sie kochend heiß gemacht würde, denn diese Farbe bedarf keiner kochenden Hitze, sondern nur einer, der Gährung angemessenen Wärme, wenn sie in ihrer größten Vollkommenheit soll verfertigt werden. Die rechte Wärme einer Küpe ist, wenn man die Hand etliche Minuten lang darinn leiden kann, ohne sich zu verbrennen.

Außer dieser beschriebenen Waydküpe, hat man noch verschiedene Arten, worinn man ebenfalls Wolle, Tücher und Zeuge fest und gut blau färben kann, als: die warme und kalte Urinküpe nebst der warmen Indigküpe; allein diese Küpen und Arten blau zu färben, dienen bey großen Fabriken so wenig zur Beförderung, haben so viele Unbequemlichkeiten, und sind theils auch so wenig nutzbar, daß man sich derselben fast gar nicht, oder doch nur sehr selten bedienet; ich habe dahero auch

die

die nähere Beschreibung derselben für unnöthig erachtet.

Von der Sächsischblauen Farbe.

Diese ist vor beyläufig dreyßig Jahren von einem Chymisten, Namens Bahrdt, zu Großenhayn in Sachsen erfunden worden. Er hatte sich nichts weniger vorgenommen, als die Färberey mit einer neuen Farbe zu bereichern, noch weniger hat er solche durch vorherbestimmte chymische Grundsätze hervorgebracht, sondern bloß durch einen Zufall; es kann ihm dahero auch nicht der geringste Nachruhm dadurch zuwachsen.

Ohngeachtet sich nach obgedachter Erfindung verschiedene Chymisten mit dieser Farbe beschäftiget, und gesucht haben, dieselbe zu mehrerer Vollkommenheit zu bringen, beständiger und dauerhafter zu machen; so ist mir von ihren damit angestellten chymischen Versuchen kein einziger vorgekommen, welcher bey großen Färbereyen zur Ausübung anwendbar wäre, oder etwas besseres lehrte, als was ein jeder gemeiner Färber von dieser Farbe weiß, und bey seinen Arbeiten praktisch ausübt. Dieser Fehler mag wohl von keiner andern Ursache herrühren, als daß die Herren Chymisten, welche in den Farben Versuche anstellen, und Verbesserungen vornehmen wollen, sich zuvor keine richtigen Kentnisse von der Färberey erwerben. Wollte man mir hier einwenden, daß ich zuviel gesagt habe, so darf ich diejenigen nur auf die Vorschrift verweisen, welche der berühmte Herr von Justi über die Sächsischblau- und grüne Farbe herausgegeben, und in des Herrn Jakobsons Schauplatz der Königl. Preußischen Zeugmanufakturen, im 1. Theil, im 10. Abschnitt, unter der Aufschrift: Vom Schwarz- und Schönfärber, zu lesen ist. Noch mehr hat Herr Pörner, welcher 3 Bände voll chymische Versuche zum Nutzen der Färbekunst herausgegeben hat, des rechten Wegs verfehlt! Ob das Publikum, oder vielmehr die Herren Fabrikanten und Färber von meinen nachstestehenden Vorschriften gleiches Urtheil fällen

wer-

werden? darf ich ganz ohne Eigenliebe im voraus mit Nein! beantworten, und bin versichert, daß diejenigen, die diesen Aufsatz lesen werden, mir ihren vollkommenen Beyfall schenken, und wo nicht bey allen, doch den mehresten, vorzüglich aber bey den Sächsischblau- und grünen Farben, meine Anleitung befolgen werden, worinnen mich das Zeugniß eines sehr ansehnlichen Kaufmannes und Fabrikinhabers, welcher eine eigene Färberey hat, bestärket, in welchem er mir über eine kurze schriftliche Anleitung, die ich Ihm über letztgedachte beyde Farben ertheilt habe, die schmeichelhaftesten Lobsprüche gemacht, und mich gleichsam aufgefordert hat, meine von der Färberey besitzende Kentnisse, dem Publiko mitzutheilen. Nun zur Sache selbst.

Wenn man die Sächsischblaue Farbe in ihrer größten Schönheit und Vollkommenheit verfertigen will, so ist erforderlich, daß man sich den allerfeinsten Indigo Quatimalo, und weißes, zweymal rektifizirtes Vitriolöl anschaffe. Ersterer, welcher gemeiniglich den vierten Theil theurer als der von St. Dominico ist, giebt nicht nur eine viel lebhaftere Farbe, als letzterer, sondern er ist auch wegen seiner Leichtigkeit und sehr dunkeln Farbe, um den vierten Theil ausgiebiger, besonders wenn man sich einer Gattung bedienet, welche in der Handlung unter den Namen von Quatimalo fiore bekannt ist. Dieser wird zu einem sehr zarten Pulver gestossen, oder auf einer besonders hierzu verfertigten Mühle gemahlen, und durch ein sehr enges Haarsieb durchgesiebt. Die Auflösung dieses auf das feinste pulverisirten Indigs wird folgendermaßen bewerkstelliget: Man nimmt ein grosses Geschirr von Sandstein, wie solche zu Coblenz, in Bayern, und bey Eger verfertiget werden, welches ohngefähr 16 bis 20 Maas hält, und schüttet 8 Pfund weißes, zweymal rektifizirtes Vitriolöl darein; in diesen 8 Pfunden werden nach und nach 2 Pfund von dem pulverisirten Indigo Quatimalo aufgelöset, welchen man mit einem großen hölzernen Löffel, etwa 8 Loth auf einmal hinein thut; sobald diese Portion in das Vitriolöl gethan worden, rührt man mit einem starken

Holze

Holze geschwinde darinnen um, und hält mit diesem Rühren 6 bis 8 Minuten lang an, worauf man wieder eine ähnliche Portion Indig darzu thut, und diese Auflösung wieder eine gleiche Zeit lang fortrühret, bis so nach und nach beyde Pfunde Indig sich bey dem Vitriolöl befinden. Bey der zweyten oder dritten Portion wird man bemerken, daß der Indig, welcher alkalischer Eigenschaft ist, in dem Vitriolöl, als einem sehr starken und konzentrirten sauren Wesen, ein starkes Aufbrausen erregt, und sich bis über den halben Theil des Gefäßes erhebt; sobald man dieses bemerkt, muß man etwas schneller als anfänglich rühren, um dadurch immerzu ein wenig Luft hinein zu bringen, und die Auflösung in etwas dadurch abzukühlen; wenn man nun gewahr wird, daß sich solche nicht weiter mehr erhebt, so darf man wieder die beschriebene Portion Indig darzu thun, so lange man aber bemerkt, daß die Gährung immer stärker wird, und im Gefäße einen größern Raum einnimmt, muß man mit fernern Zuthun des Indigs innen halten. Hat man solchergestalt obige 2 Pfunde Indig

 in

in gemeldten 8 Pfunden Vitriolöl aufgelöset, so rührt man noch so lange darinnen, bis man wahrnimmt, daß die Hitze in dem Gefäße nicht mehr zunimmt, alsdenn stellt man diese Tinktur zu einer gelinden Ofenwärme, oder in ein anderes trocknes und temperirtes Ort, wo man solche wenigstens 10 Stunden lang ruhig stehen lässet, ehe man sie zum ferneren Gebrauch zurichtet. Hier dürfte vielleicht mancher fragen: wo bleibt denn der Kobold, das Aurum pigmentum, und das Kochsalz? welche Zuthaten verschiedene Färber zu Verfertigung dieser Tinktur genommen, und ich weiß nicht, was für Würkungen sie sich davon versprochen haben. Indessen versichere ich, daß man alle diese Zuthaten ganz weglassen darf, ohne zu befürchten, daß die Auflösung weniger vollkommen werde.

Nach Ablauf von 10 bis 12 Stunden schüttet man nach und nach ganz langsam kaltes Wasser in die Auflösung, und rührt wiederum schnell darinnen. Hier wird man von neuem ein gewaltiges Aufbrausen gewahr, das Geschirr erhitzt sich wiederum, und der

Indig

Indig schwillt erst recht auf; man muß dahero mit Zugießung des Wassers sehr behutsam seyn, sonst würde sich das Gefäß zu schnell erhitzen, und vielleicht gar zerspringen. Wenn man nun das Geschirr ganz mit reinem kalten Wasser angefüllet hat, so muß man einen kleinen kupfernen Kessel in Bereitschaft haben, welcher ohngefähr 1½ bis 2 Eymer Wasser hält, und bis auf 1 Schuh vom Rande mit reinem Wasser gefüllet ist; in diesen Kessel schüttet man die mit Wasser verdünnete aufgelöste 2 Pfund Indig, und wirft alsdenn so viel weiße Abfallwolle *) (Butzen) als man glaubt

*) Abfallwolle oder Butzen, ist diejenige Wolle, welche bey den Zeugmachern oder Zeugwebern währender Arbeit ausgebrochen wird, und in kurzen Trümmern unter den Stuhl fällt. Weit mehr solcher Fadentrümmer oder Butzen, werden bey den Dopplirern und Spuhlern gemacht, besonders wenn sie zu dieser Arbeit weder die erforderliche Geschicklichkeit, noch hinlängliche Geduld besitzen. Außer diesem angezeigten Färbereygebrauch dieser Fadentrümmer, bedienen sich die gemeinen Leute derselben anstatt der Baumwolle, die Kleider damit

glaubt genug zu seyn, um alle Farben aus dem Kessel auszuziehen, hinein; der Kessel wird zum Kochen erhitzt, so bald er aber anfängt zu kochen, muß man kaltes Wasser bey Handen haben, um es in den Kessel zu schütten, sonst würde solcher überlaufen, und viele Farbe verloren gehen; das Feuer wird unter dem Kessel weggenommen und mit Wasser abgedämpft, die Abfallwolle aber läßt man noch 2 bis 3 Stunden darinn liegen, damit sie alle Farbe an sich ziehet, worauf man sie heraus nimmt, und auf eine Tragbahre wirft, welche quer über den Kessel gelegt wird, damit sie in den Kessel abtröpfeln kann, und von der Farbe nichts verloren gehet.

Diese

damit zu füttern. Es ist aber nicht unumgänglich nothwendig, daß man sich zu dieser Sächsischblaufärberey der Butzen bediene; in deren Ermangelung kann ein jeder grober wollener Tuch= Frieß= oder Zeugfleck deren Stelle ersetzen. Je lockerer ein solcher wollener Fleck ist, desto bessere Dienste thut er.

Diese gefärbte Abfallwolle, welche ganz schwarz aussiehet, wäre nun schon vorbereitet, um zu der Sächsischblaufärberey gebraucht zu werden; wenn ich aber auch zugleich hierbey auf die Ersparung anrathen soll, so muß ich sagen, daß es besser ist, wenn man sie in diesem Zustande über Nacht liegen läßt, damit sie nicht nur gut abtropft, sondern auch verkühlt, und in dem darauf folgenden Waschen nichts von der Farbe verlieret. Des andern Tags wirft man diese ganz schwarz gefärbte Wolle in ein hölzernes Geschirr, welches 2½ bis 3 Schuh hoch, und 2 Schuh weit ist, und die Gestalt eines Laugenzubers hat. Dieses Geschirr muß einen doppelten Boden haben, davon der Obere auf einem Creuzholze liegt, und voll mit Löchern angebohrt ist; zwischen beyden Böden, wo das 3 Zoll dicke Creuzförmige Holz liegt, ist ein Zapfen angebracht, wodurch das Wasser, wenn das Geschirr damit angefüllet ist, wieder ablaufen kann. So bald die Wolle in diesem Geschirr sich befindet, läßt man kaltes Wasser darein rinnen, und wenn es voll ist, wird unten der Zapfen herausgenommen, und die

Wolle mit einem hölzernen Stößel immer hin und her bewegt, und gelinde gestoßen, wobey man bemerken wird, daß das Wasser ganz schwarz und schmuzig davon abrinnet; man fährt mit diesem Waschen so lange fort, und läßt das Wasser so lange in das Gefäße, und bey der untern Oefnung wieder abrinnen, bis man bemerkt, daß das Wasser, welches unten abrinnet, nicht mehr schmuzig aussiehet, sondern helle und klar ist, worauf man die nun rein gewaschene Wolle in einen Sack von grober Leinwand thut, und zum Färben in Bereitschaft hält.

Die Zeuge, welche Sächsischblau gefärbt werden sollen, werden folgendermaßen vorbereitet: Man füllet einen zinnernen oder kupfernen Kessel, welcher auf das beste gesäubert seyn muß, mit reinem Wasser an, und erhitzt solchen zum Kochen; wenn er so heiß ist, daß man die Hand nicht wohl mehr darinnen leiden kann, heftet man so viel Stücke, als man färben will, und der Kessel geräumig fassen kann, an einander, und wirft etliche Hände voll Weizenkleyen in den Kessel; die an einander gehefteten Zeuge werden über die Winde in den Kessel getrieben, und so lange hin und wieder bewegt, bis sie durchaus gleich naß sind, worauf sie auf die Winde aufgewickelt werden. Man wirft alsdenn auf jedes Stück Zeug, welches 10 Pfunde wiegt, 2 Pfunde weißen Alaun, und 8 Loth Cremor Tartari in den Kessel; so bald diese beyden Salze sich darinn befinden, werden sich sowohl die hinein geworfenen Kleyen, als auch alles irdische unreine Wesen, welches sich in dem Wasser befunden haben möchte, wie ein dicker Schaum auf die Oberfläche des Bades erheben, welche dicke Kruste man so lange ruhig lässet, bis sie anfängt auf einigen Orten zu bersten, alsdenn nimmt man einen reinen Besen, oder einen großen Schaumlöffel, und hebt alles Unreine vom Kessel ab, womit man so lange fortfähret, bis sich kein Schaum mehr zeigt; den Kessel läßt man 5 bis 6 Minuten lang kochen, damit die hinein geworfenen Salze gut zerschmelzen, ehe man die Waare hinein bringt. Um hiervon gewiß versichert zu seyn, kann man mit einer reinen hölzernen Krücke auf dem Boden des Kessels

sondi=

sondiren, ob der hinein geworfene Alaun und Cremor Tartari zerschmolzen ist; so bald man dieses bemerkt, werden die zum Färben bestimmten, und auf der Winde befindlichen genetzten Zeuge hinein getrieben, und eine halbe Stunde lang hin und wieder bewegt, worauf man sie eine viertel Stunde lang ruhig liegen und kochen lässet; nach deren Verlauf werden sie wieder einmal umgetrieben, worauf man sie, wie zuvor, wieder ruhig liegen lässet, damit sie desto stärker kochen können; dieses Verfahren dauret 1½ Stunde, worauf die Stücke wie zuvor auf die Winde aufgetrieben werden. Ist dieses geschehen, so wirft man oben gedachte, mit der blauen Indigtinktur schwarzblau gefärbte, gewaschene, und in einem Sack befindliche Abfallwolle in den Kessel. Kaum daß diese sich etliche Minuten lang darinn befindet, so wird man bemerken, wie sie ihre Farbe dem Bade mittheilet, welches die allerlebhafteste und schönste blaue Farbe, die nur in der Natur anzutreffen ist, davon erhält. Hier muß nun der Färber die Farbe, die er verlangt, nach dieser des Bades zu beurtheiurtheilen wissen, daß er den Sack nicht zu lange darinnen lässet, sonst würde er die Zeuge zu dunkel färben. Hat nun das Bad die Farbe, welche man auf die Waare verlangt, so wird der Sack heraus genommen, und auf eine Tragbahre gelegt, daß er in den Kessel abtröpfelt; man füllet etwas Wasser in den Kessel, und drehet die Zeuge hinein, welche eine halbe Stunde lang ununterbrochen fort handthieret werden, worauf man sie so lange ruhig liegen lässet, und öfter untertaucht, bis der Kessel kocht, man drehet die Zeuge in der Folge alle halbe Stunde einmal unter währendem starken Kochen um, und nimmt sie nach 2 bis 2½ Stunden, wenn man siehet, daß solche durchaus gleich gefärbt sind, heraus. Zeuge, die locker gewebt, oder nicht gezwirnt sind, können, wenn sie eine Stunde gekocht haben, heraus genommen werden; sind es aber fest gewebte Zeuge, als: Dreydrathe, Zweydrathe oder grobfadene Barcane, so ist es oft erforderlich, daß man sie 2½ bis 3 Stunden kochen lässet, damit sie durch und durch gefärbt, und sogleich als nur möglich an Farbe werden. Sollten die Zeuge aber nach diesem Kochen die Farbe nicht haben, welche man verlangt, und zu helle seyn, so müßte der Sack mit der gefärbten Wolle noch einmal in den Kessel gebracht werden, und so lange darinn bleiben, bis er dem Bade so viel Farbe mitgetheilt hat, als noch abgängig ist, worauf man die Waare vollends auf die Schattirung färbt, die man haben will.

Bey diesem zweytenmal Färben aber darf man die Zeuge nicht mit starkem Wallen, auch nicht zu lange kochen lassen, sonst würde die Farbe viel von ihrer Lebhaftigkeit verlieren. Am besten ist es, daß man nach der ersten Zurichtung der Farbbrühe, wenn die Zeuge bey einer Stunde lang gekocht haben, eine Probe abnimmt, und untersucht, ob die Waare die rechte Farbe erhalten wird oder nicht; im letztern Falle, wenn sie noch zu helle befunden würde, müßte man sie sogleich aus dem Kessel heraus nehmen, und den Sack mit der gefärbten Wolle hinein thun, und so lange darinnen lassen, bis man urtheilt die rechte Farbe zu erhalten. Man darf diese Farbe nur einmal gemacht haben, so ist man

gar

gar leicht im Stande, alle Schattirungen, von der hellesten bis zur dunkelsten zu verfertigen, und wer dieses Verfahren nur einmal nachgemacht hat, der wird seine Sächsisch-blauen Farben gewiß allezeit nach dieser Vorschrift färben, weil ich mit Grunde der Wahrheit versichern kann, daß es eine pure Unmöglichkeit ist, diese Farbe auf irgend eine andere Art lebhafter, glänzender und schöner herzustellen.

Diese Vorschrift möchte vielleicht einigen in der Verfahrungsart zu weitläuftig und kostspielig scheinen; allein ich kann auch hierauf aus eigener vieljähriger Erfahrung antworten, daß es blos nur um die erste Einrichtung zu thun ist, um dies Verfahren zu beschleunigen; so bald man aber einmal nach dieser Art gefärbt hat, so gehet das ganze Verfahren weit geschwinder von statten, denn die angekochte Wolle kann man wohl drey bis vier mal gebrauchen, nämlich so lange, bis sie ganz ausgekocht ist, und keine Farbe mehr von sich giebt, worauf man sie wieder von neuem in den anfangs erwähnten kleinen Kes-

 sel

sel mit der Indigtinktur färbt; wenn sie gut verkühlt und abgetröpfelt ist, wäschet, und wieder zum Färben verwendet. Beym Färben dieser Wolle muß man gut in Obacht nehmen, ob sie alle Farbe an sich gezogen hat, wenn sie heraus genommen wird, welches daran zu erkennen ist, wenn man von der in dem kleinen Kessel zurück gebliebenen Farbe einen Tropfen auf die flache Hand nimmt, und siehet, ob solche noch blau ist; in diesem Falle lässet man das Zurückgebliebene zu fernerem Gebrauch stehen, so lange, bis die angekochte Wolle ihre Farbe alle von sich gegeben hat, worauf man sie wieder in den kleinen Kessel, nachdem er vorhero wieder erhitzt worden, wirft, und einige Stunden darinn liegen lässet, bis sie alle Farbe an sich gezogen hat, welches daraus zu bemerken ist, wenn das Zurückgebliebene ganz schmuzig grün aussiehet, welches dann als unnütz weggeschüttet wird.

Sollten sich einige wegen zu vielen Kosten abschrecken lassen, dieses Verfahren nachzuahmen, denen kann ich zu ihrer Beruhigung die Versicherung geben, daß es kaum einer Erwähnung verdient, um was es theurer zu stehen kommt, als wenn man auf die gewöhnliche Art mit der Indigtinktur blau färbt, und diese gleich in das Bad thut, wo die Zeuge den Ansott von Alaun und Cremor Tartari erhalten haben. Auf oben beschriebene Methode, kann man mit 4 Loth Indigo Quatimalo, ein Stücke Zeug, welches 10 Pfund schwer ist, recht schön satt blau färben, welche Farbe aber allezeit um 50 pro Cent schöner ausfällt, als wenn sie nach der alten gewöhnlichen Art gefärbt wird. Auch kann man in großen Färbereyen, wo täglich viele Kessel mit verschiedenen Farben beschäftiget werden, bey der Sächsischblauen Farbe eine merkliche Ersparung an Alaun, Brennholz und Zeit erwärken, wenn man die zu dieser Farbe bestimmten Zeuge auf einem Alaunbad, wo man Waare zu Karmosin, Pompadour oder Granatenfarb gesotten hat, nachsiedet; will man dieses thun, so darf die zu Sächsischblau bestimmte Waare im lauh warmen Wasser vorher nur wohl genetzt werden, und zu 100 Pfund Waare darf man nur 15 bis 16 Pfund Alaun, ohne Cremor Tartari in dem alten Alaunbad zergehen und die Waare eine Stunde lang gehörig sieden lassen, worauf die Waare in diesem Sudbade nach der bereits gegebenen Vorschrift Sächsischblau gefärbt wird.

Für diejenigen, welche sich das Brennholz zu theurem Preiße in ihre Färbereyen anschaffen müssen, will ich hier eine Art die Sächsischblaue Farbe zu verfertigen lehren, wobey man etwas namhaftes am Holze zur Feuerung ersparen kann, indem die Zeuge hier gar nicht gesotten werden dürfen, sondern sie werden nur in heißem Wasser durchaus recht naß gemacht. Hierauf füllet man eine große hölzerne Bottige mit reinem kalten Wasser an, diese muß aber in der Mitte zwo gegen über stehende Taufeln haben, welche um einen Schuh höher als die übrigen sind, in welche ein halber zirkelförmiger Einschnitt gemacht wird, daß man eine Winde darein legen kann, um die Zeuge darüber hin und wieder zu bewegen, wie bey einem Farbkessel.

Wenn

Wenn dieses hölzerne Gefäß bis auf eine halbe Elle vom Rande, mit kaltem Wasser angefüllet ist, so könnte man sogleich von der Indigtinktur so viel darein thun, bis das Wasser die Farbe erhielte, welche man daraus färben will; allein die Farbe würde bey weitem den lebhaften Glanz nicht erhalten, als wenn man auf die nachfolgende Art verfährt. Man nimmt von der dunkelblau gefärbten Abfall-wolle oder Butzen, die auf obengedachte Art vorbereitet und im kalten Wasser rein gewaschen ist, so viel als man für nöthig erachtet, bindet sie in einen Sack, welcher in einen kleinen Kessel geworfen, und eine halbe Stunde darinn ausgekocht wird. Ohngeachtet sich in diesem Kessel gar nichts von Salzen befindet, so theilet die gefärbte Wolle ihre Farbe dennoch dem Wasser mit, so bald es anfängt heiß zu werden, und nach Verlauf einer halben Stunde, die solche darinn gekocht hat, erhält man eine recht dunkelblaue Farbe, die sehr ausgiebig ist; von dieser schüttet man nun so viel in die hölzerne Bottige, bis das Wasser diejenige blaue Farbe hat, welche man daraus färben will. Hierauf schüttet man

 auf

auf jedes Stück Zeug 8 Loth Scharlachkomposition unter diese kalte blaue Farbe, welche hiedurch erst gänzlich entwickelt, und zur äußersten Schönheit gebracht wird. Die hinzu gegossene Scharlachkomposition wird wohl unter die Farbe gerührt, und man bringt die Zeuge hinein, welche man etwa eine halbe Stunde lang hin und wieder bewegt, und dann einige Stunden ruhig liegen lässet, nach deren Verlauf wendet man sie nur einmal um, und lässet sie wieder in der Farbe liegen. Dieses Verfahren dauret bisweilen einen ganzen Tag, ehe die Waare dunkel genug gefärbt wird, und sollten sie in einem Tag nicht dunkel genug an Farbe seyn, so darf man solche ohne Bedenken, daß sie vielleicht fleckigt werden möchte, über Nacht in der Farbe liegen lassen, und darf man sie des andern Tags in der Frühe nur etliche mal umwenden lassen, ehe solche heraus genommen werden, so sind sie gewiß sogleich als möglich, und beynahe eben so schön und glänzend, als wenn sie kochend heiß gefärbt wären. Was die Festigkeit betrift, so sind diese kalt gefärbten Sächsischblauen Farben eben so dauerhaft als jene, die durch den ordentlichen Ansott von Alaun und Weinstein ihre Farbe erhalten haben, und sie halten nicht nur alle Bearbeitung der Appretur eben so gut aus als jene, sondern sie erhalten sich auch im Tragen gegen Luft und Sonnenschein eben so beständig.

Diese kalt gefärbten Sächsischblauen Farben, die in der That fast eben so schön als die kochend heiß gefärbten sind, kosten viel weniger als die Letztern, wenn in Betracht genommen wird, daß man nicht nur den Alaun und Cremor Tartari dabey ersparet, sondern auch das Brennholz, welches erfordert wird, einen Kessel 3 Stunden lang in kochender Hitze zu erhalten, so ist schon die Ersparung einleuchtend. Selbst die Abnutzung des Kessels ist dabey in Betrachtung zu ziehen, die hiebey vermieden wird, weil die Färbung in einem hölzernen Geschirr verrichtet werden kann.

Der einzige Anstand, welchen manche Färber hierbey finden möchten, ist: daß das kalt Färben sehr langsam von statten gehet, indem wenigstens 24 bis 36 Stunden erforderlich sind, bis die Zeuge dunkel genug an Farbe werden. Man könnte dieses Verfahren indessen um ein merkliches beschleunigen, wenn man nur etwa den vierten Theil heißes Wasser zur Farbe zuschüttete; allein die Farbe würde alsdenn nicht vollkommen so schön ausfallen, als wenn sie ganz kalt gefärbt wird. Auch könnte man diese Farbe, noch fester, und dabey etwas geschwinder dunkel machen, wenn man auf jedes Stück Zeug etwa eine Hand voll Kochsalz im warmen Wasser auflösete, und in die Farbe schüttete; allein die Farbe verliert hierbey wieder etwas von ihrer Lebhaftigkeit. Bey dieser kalten Färberey hat man vorzüglich zu merken, daß die Zeuge, die hierzu genommen werden sollen, recht rein gewaschen und schön weiß seyn müssen; denn wenn man hierzu solche Waare nehmen wollte, welche nicht genugsam von allem Schmuz gereinigt ist, so würde man seines Endzwecks gänzlich verfehlen, und würden die Zeuge weder gleich gefärbt, noch glänzend genug ausfallen. Es geschiehet bisweilen, daß wenn

man

man eine Parthie Waare dunkel Sächsisch-blau gefärbt hat, noch etwas Farbe zurück bleibt, die man nicht als unnütz wegschüttet, sondern man darf nur etwa halb so viel andere weiße Stücke gut naß machen, und in die Farbe bringen; diese nehmen die zurück gebliebene Farbe vollends an sich, worauf man nur eine neue Farbe zurichten darf, um diese angefangenen Stücke so dunkel zu machen, als man sie verlangt.

Einen besondern Umstand, der mir bey dieser kalten Sächsischblauen Farbe vorgekommen, kann ich nicht unangemerkt lassen, weil er vielleicht dazu dienen möchte, einem Naturkündiger Gelegenheit an die Hand zu geben, mit diesen kalten Farben verschiedene Versuche anzustellen, um zu sehen, ob sie nicht eben so feste und dauerhaft, als die küpenblauen Farben gemacht werden können, weil folgender Umstand viel Aehnlichkeit mit der Entstehung der küpenblauen Farben hat. In einem der heißesten Sommermonate färbte ich in einer hölzernen Bottige, die groß genug war, 8 Stücke Zeug hell Sächsischblau nach obiger

Vorschrift, diese wurden Morgens gegen 7 Uhr in die Farbe gebracht, man bewegte sie den Tag hindurch nur 4 bis 5 mal, und liesse sie die übrige Zeit ruhig liegen; Abends waren sie noch nicht so dunkel, als ich sie verlangte, ich ließ sie dahero die Nacht hindurch in der Farbe ruhig liegen. Des andern Tags in der Frühe, wie solche das erste mal über die Winde getrieben wurden, waren sie dem äusserlichen Ansehen nach sehr ungleich, und voll gelbgrüner Flecke; die Farbbrühe selbst hatte eine grüne Farbe angenommen. Ob ich nun sicher muthmaßete, daß alle 8 Stücke fleckigt, und zu der bestimmt gewesenen Farbe unbrauchbar seyn würden, so hatte ich mich doch geirret, denn bey dem zweyten und dritten mal Umwenden sahe man nur noch sehr wenig Flecke, die gelbgrün aussahen; ich ließe die Waare heraus nehmen und lüften, wobey sie alle vorher gehabten grünen Flecke verloren, die Stücke waren so gleichförmig als möglich gefärbt, und hatten eine recht sehr schöne helle Sächsischblaue Farbe, die man beym kochend heiß Färben nicht schöner machen kann.

Be-

Bekanntermaßen kommen die Zeuge, welche in der Waydküpe blau gefärbt werden, grün aus der Farbe, und verwandeln sich erst nach einigen Minuten an der Luft in Blau, und dieser Umstand wird bey allen küpenblauen Farben erfordert, wenn sie ächt und dauerhaft seyn sollen. Da nun bey gedachten kalt gefärbten Sächsischblauen Farben sich ein ähnlicher Umstand gezeigt hat, so sollte man bey diesen auf eine gleiche Beständigkeit der Farbe schließen können, die, wo nicht ganz so dauerhaft wie die Küpenblauen sich verhalten, doch immer fester sind als diejenigen, so kochend heiß sind gefärbt worden.

Vielleicht gelingt es einem, der mit dieser Farbe mehrere Versuche anstellen will, solche ohne besondere Kosten vollkommen fest und dauerhaft zu färben, wodurch diese, ohnehin sehr beliebte Farbe, wegen ihrer vorzüglichen Schönheit, einen grossen Vorzug vor allen küpenblauen Farben erhielte.

Mit diesen kalten blauen Farben ist mir noch ein besonders gemachter Versuch gelungen, welchen ich den Färberenliebhabern nicht vorenthalten kann; dieser bestehet darinn: daß man mit dieser kalten Farbe, die hellblauen Farben aus der Waydküpe, welche, wenn sie nicht auf einer ganz neu angestellten Küpe, und mit Indigo Quatimalo sind gefärbt worden, selten so viel Glanz und Lebhaftigkeit haben, als sie könnten, lebhafter macht. Das Verfahren hierbey ist immer das nämliche, als wenn man weiße Zeuge färbt, nur darf man die kalte Farbe nicht so dunkel zurichten, oder man läßt die Zeuge nicht so lange in der Farbbrühe, sonst würden sie zu dunkel gefärbt werden. Da der auf der Waydküpe erhaltene Grund ohnehin feste ist, und nicht abschiesset, so erhält diese kalte Farbe dadurch gleichsam die Eigenschaft, daß sie sich in Luft und Sonnenschein auch beständiger als gewöhnlich verhält, und ein aus der Waydküpe im Grunde gefärbter, dann in der kalten Farbe lebhaft gemachter Zeug, ohne allen Anstand unter die ächten Farben gerechnet werden darf.

Von der falschblauen, oder unächten blauen Farbe.

Diese wird gewöhnlichermaßen aus dem Campesch- oder sogenannten Blauholze, mit blauen Cyprischen- oder Kupfervitriol gemacht; sie ist so wenig bey der Tuch- und Zeugfärberey im Gange, und hat dabey so wenig Festigkeit, daß es mir nicht der Mühe werth zu seyn scheinet, hierüber viel zu sagen. Doch will ich für diejenigen, welche diese Farbe vielleicht zu machen wissen möchten, das ganze Verfahren, welches dabey beobachtet wird, hersetzen.

Die Zeuge, welche man falschblau färben will, bedürfen keiner andern Vorbereitung, als daß sie rein gewaschen, und im heissen Wasser gut genetzt werden dürfen. In diesem nämlichen Kessel, wo man die Stücke genetzt hat, schüttet man nach Beschaffenheit der Waare, welche man zu färben hat, mehr oder weniger Blauholzbrühe, wobey aber der Kessel nicht zu heiß seyn darf, sondern nur so warm, daß man die Hand darinn leiden kann. Sobald die Blauholzbrühe sich in dem Kessel befindet, löset man in einem besondern Geschirr, auf jedes Stück Zeug etwa $\frac{1}{4}$ Pfund Cyprischen Vitriol auf; von dieser Auflösung schüttet man so viel unter die im Kessel befindliche Blauholzbrühe, bis sich die Farbe in ein schönes Blau verwandelt hat, man rührt alles wohl unter einander, und bringt die Zeuge hinein, welche so lange hin und her bewegt werden, bis sie die rechte Farbe erhalten haben. Nach einigem Handthieren der Zeuge, kann man nach Beschaffenheit der Farbe, ob sie dunkel oder helle werden soll, noch Cyprischen Vitriol und Blauholzbrühe zusetzen. Kochen darf diese Farbe gewöhnlichermaßen nicht, sondern man lässet den Kessel nur nach und nach bis zur kochenden Hitze kommen, wo man denn eine ziemlich schöne, aber sehr wenig haltbare blaue Farbe erhält. Will man diese Farbe noch schöner und lebhafter machen, so richtet man in einem besondern Kessel ein lauh warmes Seifenwasser zu, und ziehet die Stücke etlichemal durch, so sind sie fertig.

Außer dieser falschblauen Farbe, wird das Blauholz gewöhnlichermaßen zu den küpenblauen Farben gebraucht, um diese damit dunkler zu machen, welches die Färber Schauen oder Aufsetzen nennen. Obschon die küpenblauen Farben durch dieses Verfahren gewissermaßen verfälscht werden, weil es viele Färber nur deswegen thun, um dadurch am Indig, als einem theuren Farbmateriale, eine Ersparung zu machen, so ist es doch nicht so schädlich, als wenn man Zeuge oder Tücher lediglich nur aus dem Blauholze färbt, ohne solchen vorhero auf der Küpe einen guten Grund gegeben zu haben, weil Letztere in kurzer Zeit so viel verlieren, daß sie sich fast gar nicht mehr ähnlich sehen; Erstere hingegen verhalten sich viel länger standhaft, und können immer für ächte blaue Farben gelten, wenn nur nicht gar zu viel Blauholz darzu verwendet worden. Das gewöhnliche Verfahren der Färber bey diesem Schauen, ist folgendes: wenn die Tücher oder Zeuge auf der Küpe ordentlich Kornblumenblau gefärbt sind, so werden sie in fließendem Wasser rein ausgespühlt; hierauf nimmt man in einen Sack ½ bis ¾ Pfund gehobelte Blauholzspähne, und 2 bis 3 Loth Fernambuck, dieses zusammen lässet man in einem Kessel, welcher mit reinem Wasser angefüllt, und zum Kochen erhitzt ist, eine halbe Stunde lang gut kochen, worauf der Sack heraus genommen, und auf 1 Stück Zeug, welches 10 Pfund wiegt, ½ Pfund gestoßener Alaun in diese Blauholzbrühe geworfen wird. Sobald dieser zerschmolzen ist, bringt man die Zeuge hinein, und bewegt solche eine halbe Stunde lang darinnen, worauf man sie heraus nimmt, und am Fluß ausspühlt. Auf diese Weise erhält man eine sehr schöne dunkelblaue Farbe, die sich aber nicht vollkommen beständig erhält. Bey diesem dunkler Machen, oder Schauen, darf der Kessel nicht kochen, sondern nur sehr heiß seyn.

Von der rothen Hauptfarbe.

In Deutschland sind bey der Färberey nur fünferley Materialien bekannt, welche

zum

zum Rothfärben auf Wolle und wollene Zeuge gebraucht werden, als: die Cochenille, der Krapp, die Färberröthe, das Fernambuckholz, und das Siam Sappan- oder Bimasholz, welches insgemein nur Rothholz genannt wird. Von jedem dieser Ingredienzien, werde ich die Farben, die daraus erhalten werden, und deren nützlichen Gebrauch bey der Färberey, auf das genaueste anzeigen.

Karmosinroth aus der Cochenille.

Die natürliche Farbe der Cochenille ist Karmosinroth. Die Zeuge, welche man in dieser Farbe färben will, werden hierzu mit einem Ansott von Alaun und Weinstein vorbereitet. Ein jeder Färber wird fast ein anderes Recept haben, um Karmosinroth zu färben. Indessen muß ich gestehen, daß nur sehr wenige gehörig damit umzugehen wissen, um das Karmosinrothe aus der Cochenille so Purpurartig als möglich, zu färben, das ist, ihm den möglichsten Grad vom blauen Schimmer zu geben. Bey feinen Tüchern zu Uniformen, und feinen gezwirnten Zeugen, fällt diese Farbe nach folgendem Verfahren am schönsten aus: auf 1 Stück Tuch, welches 24 Pfund wiegt, nimmt man 1 Pfund Potasche, diese löset man in einem kleinen Geschirr mit heißem Wasser auf, und schüttet das Klare davon in einen Kessel, welcher mit reinem Wasser gefüllet, und erhitzt ist. Man schüttet etwa noch 3 Maas Weizenkleyen darzu hinein; das Tuch, welches vorhero durch das Walken von allem Schmuz und Fettigkeit gereinigt worden, wird in dieses heiße Bad von Potasche und Kleyen gebracht, man bewegt es eine halbe Stunde lang ununterbrochen darinnen, worauf es heraus genommen, gelüftet, und in fließendem Wasser gut ausgespühlt wird. Dieses ist zu einem schönen Karmosin, die erste, sehr nothwendige Vorbereitung. Da man selten Tücher oder Zeuge bekommt, welche von aller Fettigkeit und Schmuz genugsam gereinigt sind, so dienet diese Vorbereitung nicht nur dazu, daß die im Tuche etwa noch befindliche Fettigkeit hierdurch vollends weggenommen wird, sondern

das

das Karmosinrothe erhält auch hievon den möglichsten Grad von blauen lebhaften Schimmer, welchen man sonst mit nichts zu geben im Stande ist.

Wenn das Tuch ausgespühlt ist, so wird ein neues Bad zum Ansott folgendermaßen vorbereitet: man füllet den Kessel von neuem mit reinem Wasser, und läßt ihn zum Kochen erhitzen. Ist solcher mehr als lauh warm, so schüttet man ohngefähr 20 Maas sauer Wasser, nebst 4 Pfund weißen Alaun, und 2 Pfund Bologneser Weinstein hinein. Ehe der Kessel ganz zum Kochen kommt, wird der Schaum, welcher sich auf der Oberfläche des Bades zeigt, hinweggenommen, und wenn die Salze zergangen sind, wird das Stück Tuch hinein gebracht; man bewegt es Anfangs eine viertel Stunde lang, beständig hin und wieder, worauf man es ruhig liegen, und 2 Stunden unter öftern Umwenden, mit starkem Wallen kochen läßt. Nach deren Verlauf wird das Tuch herausgenommen, und auf einen Schragen etliche mal gelüftet, bis es ganz abgekühlt ist, worauf man es mit einer groben Leinwand, oder andern Decke, die man vorhero naß gemacht hat, bedeckt, daß es nicht trocken wird. In diesem vom Sude noch befeuchteten Zustande läßt man es 4 bis 6 Tage liegen, ehe es gefärbt wird, weil in dieser Zwischenzeit die Salze sich fester und würksamer im Tuche ansetzen, daß die Farbe in der Folge nicht nur viel lebhafter und glänzender, sondern auch fester und dunkler wird, welche Probe man ganz füglich machen kann, wenn man zu sehen verlangt, ob das, was ich hier angeführt habe, mit der Erfahrung überein komme. Man darf nur zwey Stücke Tuch zugleich in der nachfolgenden Farbbrühe färben, wovon das eine um 3 oder 4 Tage länger im Sude gelegen ist, als das andere, so wird man einen ganz merklichen Unterschied der Farbe bemerken; dasjenige, welches länger im Sude befeuchtet gelegen ist, wird nicht nur um ein merkliches dunkler seyn, sondern dessen Farbe wird man auch viel lebhafter und schöner finden, ohngeachtet die Vorbereitung als auch der Sud von beyden gleich gewesen ist.

Nach 4 oder 6 Tagen, wenn man färben will, werden $1\frac{1}{8}$ Pfund Cochenille fein gestoßen, durch ein enges Haarsieb gesiebt, und 12 Stunden vor dem Gebrauch in kaltem Wasser eingeweicht. Der Kessel wird mit reinem Wasser gefüllet, und 20 Maas sauer Wasser darunter genommen; wenn das Wasser etwas mehr als laulh warm ist, wird die eingeweichte Cochenille durch ein enges Haarsieb darein gethan, und gut aufgerührt. Das Tuch, welches in fliessendem Wasser vorher gut ausgespühlt, und mit hölzernen Stößeln stark ausgestoßen worden, wird nun in das Cochenillebad gebracht, man bewegt es so lange darinnen ununterbrochen herum, bis sich der Kessel zum Kochen anschickt, worauf man es eine kurze Zeit unbewegt liegen läßt, damit der Kessel mit starkem Wallen kocht, man bewegt es von Zeit zu Zeit, und läßt es eine Stunde lang kochen, so hat man gewiß ein so schönes Karmosinroth, als man nur wünschen kann. Wollte man indessen ein Karmosinroth färben, welches weniger blauen Schimmer haben, und sich mehr dem Halbscharlach nähern soll, so dürfte man nur zum

Sott gleiche Theile Alaun und Weinstein nehmen, nämlich 3 Pfund von jedem, so würde man zwar ebenfalls ein schönes Karmosinroth erhalten, welches aber viel weniger ins Blaue fällt. Dieses Karmosinrothe wird wie alle nachfolgende Farben, die aus der Cochenille gefärbt werden, mit allem Rechte unter die ächten und festen Farben gezählt, es verliert an der Luft und Sonne nichts von seiner Lebhaftigkeit und Stärke, und erhält bey einiger Schonung der Kleidungen, viele Jahre seinen vollkommnen Glanz.

Auf gleiche Art, wie das beschriebene Karmosinrothe, wird auch die rosenrothe Farbe aus der Cochenille gefärbt, das Verfahren ist mit vorstehendem in allen ganz gleich, nur daß man halb so viel Cochenille, nämlich 3 Quintl. auf 1 Pfund schwer Tuch nimmt. Diese, als eine Schattirung von der Karmosinrothen, erhält sich eben so feste und dauerhaft, als Erstere, ohngeachtet solche viel heller und schwächer ist.

Wenn man verschiedene Schattirungen von Karmosin zu machen hat, so geschiehet dieses mit einem merklichen Vortheil, wenn man

man die Dunkelste zu erst macht, und in der Folge die Hellern, weil bey einer dunkeln Schattirung, immer etwas weniges von der Cochenille im Bade zurück bleibt, welches man zu benutzen trachten muß, weil die Cochenille ein sehr kostbares und theures Farbenmateriale ist, welches der Mühe lohnet, daß man die gebrauchten Farbbrühen, auf ein anderes Stück Tuch oder Zeug, welches die nämliche, oder auch eine hellere Farbe erhalten soll, anzuwenden trachtet; da man annehmen darf, daß in einem Kessel, wo man Karmosinroth gefärbt hat, immer noch so viel Farbe im Bade zurück bleibt, als der zehnte oder zwölfte Theil von der Cochenille beträgt, welche man in den Kessel gethan hat, so wird man allezeit auf einem Kessel, wo man zwey Stücke Tuch ächt Karmosin gefärbt hat, noch ein Stücke Tuch, welches mit Alaun und Weinstein gehörig angesotten ist, noch sehr schön Fleischfarb färben können.

Einige Färber, welche ihre Karmosinrothen Farben aus der Cochenille recht dunkel, und mit einem blauen Schimmer färben wollen, lassen die erste Vorbereitung mit der Potasche und Kleyen ganz weg, und nehmen zum Sott 5 Theile Alaun, und 1 Theil Weinstein; sie erreichen hiemit in so weit ihren Endzweck, daß ihre Kormosinrothen Farben zwar dunkel genug werden, aber sie sind dabey sehr matt und trübe. Wer hierüber Versuche anstellen will, wird einen gewaltigen Unterschied finden, und sich gewiß auf das genaueste nach meiner Vorschrift halten.

Andere, die es noch besser machen wollen, richten zu ihrem Karmosin, wenn es im Färben vollendet ist, ein neues Bad von lauh warmen reinen Wasser zu, hierinnen zerlassen sie auf ein Stück Tuch ½ Pfund Sal armoniac. und 1 Pfund Potasche, sie bringen das Tuch in dieses frisch zugerichtetete Bad, und bewegen solches eine halbe Stunde darinnen, worauf es in fließendem Wasser ausgespühlt wird. Dieses Verfahren, welches wegen dem Preiße des Salis armoniaci gewissermaßen theurer und kostbarer als jedes andere ist, macht das Karmosinrothe zwar ebenfalls um etwas weniges dunkler, und

giebt

giebt ihm einen schwachen blauen Schimmer, allein die Farbe wird zugleich auch dadurch matt gemacht, und der blaue Schimmer verliert sich in kurzem ganz und gar, so, daß ich auch dieses Verfahren keinem Färber anrathen möchte.

In einigen Fabriken in Sachsen, wo sehr schöne gestreifte Zeuge, als: Bourdongs, Camelotte u. dergl. fabrizirt werden, findet man unter andern sehr schönen und lebhaften Farben, auch eine Art

Von Rosenroth aus der Cochenille,

welche von dasigen Färbern und Fabrikanten spanische Leibfarbe genennet wird. Wem solche gestreifte Zeuge zu Gesichte kommen sind, wird gestehen müssen, daß es eine sehr schöne rothe Farbe ist, die sich neben andern zarten blauen oder Celadongrünen Streifen, sehr gut ausnimmt. Diese wird mit der Cochenille

chenille auf die nämliche Art, wie das beschriebene Karmosinrothe, gemacht, aber die erste Vorbereitung mit der Kleyen und Potasche wird weggelassen, weil hier kein blauer Glanz erfordert wird, sondern diese Farbe muß lebhaft und feurig seyn, so, daß sie sich dem Scharlachrothen in etwas nähert, und das Mittel zwischen dem wahren Rosenrothen, und einer schwachen Schattirung vom Scharlach ausmacht. Zum Sott nimmt man Alaun und Weinstein zu gleichen Theilen, nebst einer gehörigen Portion sauer Wasser; beym Färben aber, muß man zu einem Centner Garn, etwa 10 bis 12 Pfund Scharlachkomposition noch dazuthun, nachdem diese mehr oder weniger mit Wasser geschwächt ist, und man die Farbe selbst feurig machen will.

Da ich vorhin vom Gebrauch des Sauerwassers Meldung gethan habe, so wird es nicht am unrechten Orte stehen, wenn ich dessen Verfertigung hier anzeige.

Man füllet eine große Bottige mit reinem siedend heißen Wasser an, und schüttet fol-

folgendes dazu, als: 3 Metzen Weizenkleyen, 3 Pfund pulverisirten Cremor Tartari, und 3 Pfund weißen Sauerteig, welchen man vorher in kaltem Wasser gut zerdruckt und flüßig gemacht hat; dieses Mengsel wird wohl unter einander gerührt, und mit einem Deckel bedeckt. Man rührt es in der Folge täglich etliche mal gut auf, so wird es im Sommer in 4 bis 5 Tagen zum Gebrauch gut, im Winter aber, wenn es nicht an einem temperirten Ort stehet, muß man es zuweilen 10 bis 12 Tage stehen lassen, ehe es sauer genug wird, daß es bey der Färberey die gehörige Würkung thut.

Hat man das erste mal alles Klare davon verbraucht, so darf der Bodensatz nicht gleich als unnütz weggeschüttet werden, weil er noch ziemlich gute Dienste thut, wenn man die Bottiqe wieder mit siedend heißem Wasser anfüllet, das Mengsel täglich etliche mal aufrührt, und einige Tage länger als das erste mal stehen lässet, so wird es immer noch mit gutem Nutzen gebraucht werden können. Sollte man aber wider Vermuthen bemerken,

ken, daß dieses zweyte saure Wasser, die erforderliche Würkung beym Färben nicht leistete; so dürfte man nur von den vorhin gedachten Zusätzen, etwa den dritten Theil hinein thun, und es so lange als das erste mal stehen lassen, so würde das Zweyte dem Erstern vollkommen gleich kommen. Oefter aber, als zweymal, lassen sich die Zuthaten zu diesem sauren Wasser nicht benutzen, weil sie in der Folge nicht nur zu schwach werden, sondern auch einen sehr üblen Geruch annehmen, welcher der Waare einige Zeit anhängen dürfte, und die Würkung eines solchen sauren Wassers würde sehr unmerklich seyn.

Vom Scharlachrothen aus der Cochenille.

In verschiedenen Tuch- und Zeugfabriken, wird diese Farbe insgemein Ponçeu (Hochroth) genennet, und man versteht darunter den Französischen Gobelinsscharlach. Diese Farbe, welche einen recht sehr feurigen und lebhaften Glanz hat, wird beynahe in einer jeden Färberey anders bearbeitet, und nicht gar viele Färber werden sich rühmen können, daß sie ihre Scharlachfarbe so schön und vollkommen zu machen wissen, als man solche seit vielen Jahren in Frankreich färbt, und in Deutschland bewundert. Wollte man einen Färber um die Ursache fragen, warum man diese Farbe hiesigen Orts nicht eben so feurig und glänzend färben könne, als man sie zu Sedan, Eupen, Verviers, Mastricht und mehrern andern berühmten Tuchfabriken zu verfertigen weiß, so würde bald das Wasser, bald die Wolle, bald wer weiß was, die Ursache davon seyn, und ich getraue mir durch überzeugende Proben darzuthun, daß diese Ausflüchte alle ungegründet sind, und daß nichts anders erfordert wird, um diese Farbe in ihrer möglichsten Vollkommenheit zu verfertigen, als hinlängliche Wissenschaft, und genugsamer Fleiß. So bald nun ein Färber diese Eigenschaften besitzt, so leicht wird er im Stande seyn, diese delikate Farbe in ihrer möglichsten Vollkommenheit zu verfertigen, wozu ich die deutlichste Anleitung geben werde.

Von

Vor dem Färben ist die Verfertigung der Scharlachkomposition (nach Art der Färber zu reden: das Scheidewasser Ansetzen) unumgänglich nothwendig, und bey der Scharlachfärberey beruhet sehr viel darauf, daß diese recht gemacht werde, denn wenn man alle übrige Bearbeitung auf das Sorgfältigste dabey bewerkstelliget, und man hat entweder schlechten Salpetergeist oder Scheidewasser zu seiner Komposition genommen, so wird man doch nur eine sehr schlechte Farbe hervor bringen, oder solche ganz verderben. Da nun sehr viel, ja fast alles daran liegt, daß die Scharlachkomposition von rechter Beschaffenheit sey, so muß man vorzüglich den Bedacht dahin nehmen, daß man recht gutes starkes Scheidewasser überkomme. Kann man aber Salpetergeist haben, so ist dieser allezeit dem gemeinen Scheidewasser, auch dem allerstärksten und besten vorzuziehen. Da man diesen aber sehr selten bekommen kann, und ich mich meistenstheils des besten Scheidewassers, welches aus zweymal gereinigten Salpeter, mit mäßiger Beymischung des bestens kalzinirten Eisenvitriols

ver-

verfertigt worden, bedienet habe; so will ich die Verfertigung der Scharlachkomposition, wie sie von derley starken Scheidewasser gemacht wird, auf das allergenaueste anzeigen.

Um diese Komposition zu machen, muß man zu 100 Pfund Waare, drey große Töpfe von Sandstein haben, deren jeder wenigstens 16 Maas hält. In einen solchen Koblenzer Topf schüttet man 2 Pfund klares, durch Fließpappier filtrirtes Flußwasser, in diesem löset man ½ Pfund von dem allerbesten weißen, fein pulverisirten orientalischen Sal armoniac, und 4 Loth zart gestossenenes Sal gemmä, oder anstatt des letztern so viel hungarisches Steinsalz auf. Wenn diese beyden Salze vollkommen aufgelöset sind, schüttet man 8 Pfund von dem allerstärksten Scheidewasser dazu, und bedeckt das Gefäß aufs geschwindeste mit einem wohl passenden Deckel, welcher mit Fließpappier unterlegt ist, damit die flüchtigen und geistigen Theile des Scheidewassers nicht verrauchen. Sobald das Scheidewasser sich bey der ersten Auflösung befindet, hat man ein sehr würksames Königs-

 wasser,

wasser, (Aqua regis) welches Gold auflöset, folglich um desto leichter Zinn, welches aufzulösen, es hier bestimmt ist. In dieses Königswasser thut man bey geschwinder Aufhebung des Deckels, 4 Loth Zinn, welches zuvor geschmolzen, und im kalten Wasser gekörnt, oder von einem Zinngießer in sehr dünne Späne gedreht worden. Man rührt mit einem starken Rührholz in größter Geschwindigkeit etliche mal darinnen, und bedeckt das Geschirr wieder auf das Sorgfältigste, damit die Dämpfe, welche durch die Auflösung hier erregt werden, nicht verfliegen können. Man läßt dann die Auflösung eine halbe Stunde ruhig stehen, worauf man mit dem Rührholze sondiret, ob die hinein geworfenen 4 Loth Zinn schon aufgelöset sind, oder nicht; im erstern Falle thut man aufs geschwindeste noch 4 Loth Zinn dazu, rührt es etliche mal, und bedeckt es wieder wie zuvor. Findet man aber, daß das zuvor hinein geworfene Zinn noch nicht aufgelöset ist, so wartet man noch so lange, bis man glaubt, daß alles verzehrt sey, ehe man anderes hinzu thut, denn wenn man zu viel Zinn auf einmal hinein brächte, würde de sich die Auflösung zu schnell erhitzen, und viele Dünste verflüchtigen, welche man beyzubehalten suchen muß. Mit diesem Hinzuthun des Zinnes fährt man so lange fort, bis man 1 Pfund aufgelöset hat, welche Quantität hinlänglich ist, um eine vollkommene und würksame Scharlachkomposition zu verfertigen. Eine Stunde darnach, wenn die letzte Portion Zinn darzu gekommen ist, hebt man den Deckel geschwinde ein wenig bey Seite, und siehet darnach, ob noch kleine Blasen in die Höhe steigen oder nicht. Im letztern Falle ist die Auflösung vollendet, und es werden noch 9 Pfund durch Fliesspappier geläutertes Flußwasser darzu geschüttet, man rührt nochmals etliche mal geschwinde darinnen, und bedeckt das Gefäß wie gewöhnlich. Siehet man aber, daß eine Stunde nach dem letzten Hinzuthun des Zinnes noch Blasen auf die Höhe gehen, und das Geschirr noch empfindlich warm ist, so wird mit dem Zugiessen des Wassers noch so lange gewartet, bis der Topf meist ganz kalt ist, und keine Luftblasen mehr auf die Oberfläche steigen. Hat man nach vollendeter Auflösung gedachte 9

Pfund Flußwasser dazu geschüttet, alles wohl umgerührt und bedeckt, so bleibt die nun fertige Scharlachkomposition 12 bis 15 Stunden lang an einem kühlen Orte ruhig stehen, bis sie sich ganz klar und durchsichtig gemacht hat, alsdenn ist sie zum Gebrauch gut.

Wenn die Scharlachkomposition solchergestalt mit aller Vorsicht verfertiget ist, so schreitet man zum Färben selbst.

In einem zinnernen Kessel, welcher groß genug ist, daß er 100 Pfund Waare fasset, werden die Tücher eines an das andere geheftet, und in dem Kessel, wenn er heiß genug ist, recht gut genetzet; nach dem Netzen werden sie auf die Winde gebracht, und man schüttet einen Eymer sauer Wasser, 6¼ Pfund fein pulverisirten Cremor Tartari, nebst einem Pfund, in Wasser flüssig gemachten Stärkmehl in den Kessel; dieses zusammen wird auf dessen Oberfläche einen dicken Schaum erregen, welchen man so lange ruhig lässet, bis er anfängt, an einigen Orten aufzuspringen, man hebt ihn dann mit einem großen

Schaumlöffel ab, und fährt mit dem Abschäumen so lange fort, bis sich das Bad ganz klar gemacht hat. Hierauf thut man durch ein enges Haarsieb 1 Pfund 8 Loth fein pulverisirte Cochenille, welche man 12 Stunden, oder noch längere Zeit vorher in kaltem Wasser eingeweicht hat, nebst einen halben Pfund gemahlenen Curcume in den Kessel, man rührt alles wohl unter einander, und schüttet noch 18 und ein halb Pfund von der verfertigten Scharlachkomposition darzu. Die nun ganz fertige erste Farbbrühe wird einige Minuten lang gut aufgerührt, und die auf der Winde befindlichen wohl genetzten Tücher geschwind hinein gebracht; man bewegt solche anfänglich etwas geschwinde hin und wieder, und fährt damit eine halbe Stunde lang ununterbrochen fort. Während diesem Handthieren der Tücher, wird das Feuer aufs neue verstärkt, damit der Kessel eine halbe Stunde darnach, wenn die Waare hinein gebracht ist, und dann eine kurze Zeit liegen bleibt, zu kochen anfängt. Man darf die Waare aber nicht länger, als eine viertel Stunde lang ruhig liegen lassen, worauf sie wieder einmal umgetrieben wird. Die Tücher müssen ein und eine halbe Stunde lang, unter öfterm Umwenden, mit starkem Wallen kochen, und man füllet von Zeit zu Zeit reines Wasser zu, um dasjenige, so von dem starken Kochen ausgedünstet ist, wieder zu ersetzen. Wenn die Waare besagte Zeit stark genug gekocht hat, so wird solche heraus genommen, und über einem Schragen etliche mal gelüftet, daß sie sich gut abkühlet, dann zum fliessenden Wasser gebracht, und rein ausgespühlet. Hier siehet man an der Waare schon eine sehr lebhafte, satte Fleischfarbe, welche für sich schon schön genug wäre, um in diesem Zustande bleiben zu können, indessen giebt sie aber nur den lebhaften Grund, zu dem folgenden, alles übertreffenden Scharlach ab.

Um nun diese, durch den Ansott vorbereiteten Zeuge oder Tücher zu vollenden, richtet man eine neue Brühe zu. Das von dem Ansott zurückgebliebene Bad wird als unnütz weggeschüttet, weil die darinn gekochte Waare alle Farbe an sich gezogen hat. Man füllet den Kessel vom neuen mit reinem Wasser,

erhitzt

erhitzt ihn zum Kochen, und schüttet, wenn er anfängt lauh warm zu werden, 1 Eymer sauer Wasser, 1 Pfund flüßig gemachtes Stärkmehl, nebst $3\frac{1}{8}$ Pfund fein pulverisirten Cremor Tartari hinein; der auf die Oberfläche des Kessels sich erhebende Schaum wird, wie vorhin gesagt worden, so lange weggenommen, bis sich das Bad klar gemacht hat. Nach diesem schüttet man $3\frac{1}{8}$ Pfund eingeweichte Cochenille, nebst $\frac{1}{2}$ Pfund Curcume in den Kessel; dieses wird etliche mal unter einander gerührt, und währendem Rühren schüttet man noch 25 Pfund Scharlachkomposition darzu; wenn alles wohl unter einander gerührt ist, so werden die in Bereitschaft liegende, und auf dem Rande des Kessels an einander gehefteten Tücher, auf das geschwindeste hinein gebracht, welche anfänglich eine halbe Stunde lang, mit aller Emsigkeit umgetrieben werden, worauf sie eine viertel Stunde lang ruhig liegen bleiben, daß sich der Kessel zum Kochen anschickt; dieser wird eine Stunde lang im starken Kochen unterhalten, unter welcher Zeit man die Waare öfters umwendet, und nach Ablauf einer

Stunde, wenn sie ununterbrochen gekocht hat, wird sie heraus genommen, gelüftet, in fliessendem Wasser ausgespühlt, und der Scharlach ist nun vollendet.

Wer diese Scharlachfarbe einmal gemacht hat, und solche gegen andere Scharlache vergleichet, der wird in der Folge bey allen seinen zu verfertigenden Scharlachfarben gewiß kein Haar breit von dieser gegebenen Vorschrift abweichen, weil ich versichert bin, daß eine nach dieser Anleitung gemachte Scharlachfarbe meist alle diejenigen übertrift, die zeithero in Deutschland sind verfertiget worden; denn unter allen, von Kaufleuten eingesandten Scharlachmustern, nach welchen sie Waaren in dieser Farbe bestellet haben, ist mir keine von ihren Proben zu Handen gekommen, welche dem, nach dieser Vorschrift gefärbten Scharlach, am Glanze und Lebhaftigkeit gleich gekommen wäre.

Hat man mehrere Parthien Tücher oder Zeuge Scharlach zu färben, so kann dieses mit einer merklichen Ersparung an Cochenille ge-

geschehen, wenn man die zwote, zum Färben bestimmte Parthie, auf einem besondern Kessel netzet, und auf der nämlichen Farbbrühe, wo man den Scharlach vollendet hat, ansiedet. Nimmt man bey diesem zwoten Ansott und Färbung die nämliche Portion Cochenille, so wird die Farbe etwas satter und vollkommener, weil in der letzten Farbbrühe etwas von der Cochenille zurück bleibt, gleichwie beym Karmosin. Die Kostbarkeit der Cochenille verdient dahero, daß man alle mögliche Vortheile anwendet, um darinn einige Ersparung zu machen. Einige Färber nehmen zum Ansott, wenn sie Scharlach färben, etwa den vierten Theil so viel Alaun als Cremor Tartari, und halb so viel feinen Krapp als Cochenille, in die erste Farbbrühe, um dadurch mit einiger Ersparung an Cochenille, dennoch einen satt gefärbten Scharlach zu machen. Diese Farbe wird durch die Zuthat des Alauns und Krapps würklich etwas dunkler, und fällt dabey ins Blutrothe; allein von der Lebhaftigkeit darf hier gar nicht die Rede seyn, denn diese, mit Beymischung von Alaun und Krapp gefärbten Scharlache, sehen mehr ei-

 nem

nem schönen Nacarat, als Scharlache ähnlich. Zu vorstehender Scharlachfarbe ist nur $1\frac{1}{2}$ Loth Cochenille auf 1 Pfund Waare gerechnet worden; man färbt aber feine Tücher und Zeuge öfters mit $1\frac{3}{4}$ auch 2 Loth Cochenille, wenn die Farbe genugsam bezahlt wird.

Dunkel Scharlach auf Sächsische Art.

Da die Mode in den Farben eben so veränderlich ist, als in dem Zuschnitt der Kleider, so wird es nicht überflüssig seyn, wenn ich auch eine Vorschrift von dunkeln Scharlach mittheile, welche vor einigen Jahren sehr gesucht wurden, und in einigen Gegenden vielleicht noch Beyfall finden dürften. Die Scharlachkomposition wird hierzu auf eine etwas kürzere Art als zum vorstehenden Gobelinsscharlach gemacht, und das Scheidewasser, welches man hierzu verwendet hat, ist für das Beste in Sachsen gehalten.

Man

Man nimmt einen großen Koblenzer Topf, welcher ohngefähr $\frac{1}{4}$ Eymer Wasser hält, in diesen thut man 12 Loth fein pulverisirten venezianischen Salmiak, 1 Pfund gedrehtes Englisches- oder Schlaggenwalderzinn, 8 Pfund gemeines Flußwasser, und 8 Pfund Sächsisches (Reichenbacher) Scheidewasser; dieses zusammen, wird mit einem wohl passenden Deckel, welcher mit Fließpappier unterlegt ist, bedeckt; man läßt dieses Mengsel 12 Stunden ruhig stehen, worauf man das Klare, welches eine schöne gelbe Weinfarbe hat, zum nachstehenden Gebrauch verwendet.

Der Sott zu dieser dunkeln Scharlachfarbe wird auf nachstehende Art vorbereitet: zu einer Parthie Waare, welche 60 Pfund wiegt, nimmt man 5 Pfund hungarisch geschnittenes Gelbholz, thut es in einen Sack von grober reiner Leinwand, und läßt es in einem wohl gesäuberten zinnernen Kessel, welcher mit reinem Wasser gefüllet, und groß genug ist, daß er 60 Pfund Waare fasset, eine Stunde lang gut auskochen; hierauf wird der Sack mit dem Gelbholz herausgenommen, und dasjenige

nige, was sich währendem Kochen ausgedünstet hat, wieder mit kaltem Wasser ersetzt. Man thut alsdenn $7\frac{1}{2}$ Pfund weißen Alaun und $7\frac{1}{2}$ Pfund weißen Bologneser Weinstein in das gelbe Bad, rührt mit einer Krücke darinnen, daß alles wohl zerschmelzt, und wenn dieses geschehen ist, schüttet man noch 9 Pfund 12 Loth Scharlachkomposition von der vorstehenden hinein, man vermengt diese im Bade wohl unter einander, und bringt die Waare, welche zuvor gut genetzt worden, sehr geschwinde in den Kessel; diese wird eine halbe Stunde lang sehr geschwind hin und wieder gedreht, damit sie den gelben Grund überall gleich annimmt. Nach einer halben Stunde läßt man die Waare ruhig liegen, und das Feuer wird sehr verstärkt, damit der Kessel bald zu kochen anfängt, und $1\frac{1}{2}$ Stunde beständig fort kocht, während welcher Zeit die Waare alle Viertelstunden einmal umgewendet wird. Wenn die Waare gedachte Zeit stark gekocht hat, so wird sie heraus genommen, auf einem Schragen, welcher sehr reinlich seyn muß, etliche mal gelüftet, und in fliessendem Wasser ausgespühlt.

Dieses ist, wie bey jeder Scharlachfarbe, die erste, sehr nothwendige Zubereitung, wobey hier die Waare eine gelbe Lederfarbe erhält, welches man den Grund nennet.

Zum Färben wird ein neues Bad von reinem Wasser zubereitet, der Kessel erhitzt, und wenn er anfängt lauh warm zu werden, zerläßt man in einem besondern Geschirr 1 Pfund Stärke, und schüttet sie in den Kessel, worauf man noch 1 Pfund 28 Loth weißen Bologneser Weinstein dazu thut. Der Schaum, welcher sich in der Folge auf dem Kessel zeigt, wird, wenn er anfängt aufzuspringen, sauber hinweggenommen, und wenn sich das Bad ganz klar gemacht hat, schüttet man 3 Pfund 9 Loth Cochenille, welche 12 Stunden zuvor in kaltem Wasser eingeweicht worden, durch ein enges Haarsieb in den Kessel, während welcher Zeit man mit einer Krücke darinnen rührt, daß sich solche gleich vertheilt, und also bald werden noch 3 Pfund 24 Loth Scharlachkomposition darzu gethan, welche ebenfalls in dem Bade gut unter einander gemengt, und die mit dem gelben Grund gesottene Waare geschwind hinein gebracht wird; diese muß anfänglich in dem Cochenillenbade sehr geschwinde hin und wieder bewegt, und so lange handthiert werden, bis sie die Farbe meist an sich gezogen hat, welches gemeiniglich nach einer halben Stunde erfolgt, worauf die Waare eine kurze Zeit ruhig liegen gelassen, und das Feuer verstärkt wird, damit der Kessel zu kochen anfängt; man läßt die Waare alsdenn $\frac{3}{4}$ bis 1 Stunde lang, sehr stark kochen, und wendet sie in dieser Zwischenzeit öfters um, so ist der Scharlach fertig. Die Waare wird, wenn sie längstens eine Stunde gekocht hat, herausgenommen, wie gewöhnlich gelüftet und gespühlt.

Man wird leicht einsehen, daß diese Scharlachfarbe viel dunkler ausfallen müsse, als der feuerfarbene Gobelinsscharlach, weil hier eine starke Portion Alaun zum Sude genommen wird, welcher die rothe Farbe der Cochenille auf Karmosin disponirt, folglich auch den Scharlach dunkler macht. Ohngeachtet diese erst beschriebene Scharlachfarbe viel dunkler ist als die vorhergehende, so giebt

es

es doch bisweilen Färber, welche sie mit Krapp noch dunkler machen, um die Cochenille dadurch zu sparen; allein, wer ein Farbenkenner ist, wird sogleich den Unterschied bemerken, welchen die Beymischung von Krapp, beym Scharlach verursachet. Indessen giebt es doch verschiedene Waaren, welche keine theure rothe Farbe ertragen, und doch eine dem Scharlach in etwas ähnliche Farbe erhalten sollen, diese werden auf folgende Art

Halbscharlach

gefärbt. Hierzu macht man die Komposition auf die zum dunkeln Scharlach beschriebene Art, und richtet in einen zinnernen Kessel ein Bad von reinem Wasser zu; in dieses thut man zu einer Parthie Waare, welche 48 Pfund wiegt, 6 Pfund weißen Bologneser Weinstein, 2 Pfund Alaun und 3 Pfund Fönum gräcum, dieses zusammen läßt man gut aufkochen, und schüttet endlich noch 6 Pfund Scharlachkomposition darzu, die Waare wird wie gewöhnlich eine halbe Stunde geschwind

schwind handthiert, und muß 3 Stunden stark kochen, worauf sie gelüftet und gespühlt wird. Zum Färben wird ein neues Bad zugerichtet, in welches man 1 Pfund in kaltem Wasser zerlassene Stärke schüttet, der Kessel wird wie gewöhnlich abgeschäumt, und wenn sich das Wasser klar gemacht hat, so wird 2 Pfund Krapp nebst 1½ Pfund gesiebte Cochenille, welche 12 Stunden zuvor in kaltem Wasser eingeweicht worden, durch ein enges Sieb darzu gethan, wenn diese im Bade gut unter einander gerührt ist, schüttet man noch 3 Pfund Scharlachkomposition darzu, welche ebenfalls durch Umrühren im Bade gleich ausgetheilt wird, worauf die Waare hinein gebracht, und wie beym ordentlichen Scharlach manipulirt wird. Obgleich dieser Halbscharlach nur mit ¾ Loth Cochenille auf 1 Pfund Waare gerechnet, gefärbt wird, so ist solcher immer noch schön genug, daß er von dem gemeinen Landvolk in gemeinen Tüchern stark gesucht wird, daher werden in einigen Tuchfärbereyen in Sachsen viele gemeine Tücher und feine Boy nach Halbscharlach gefärbt.

Halb-

Halbscharlach auf eine andere Art.

Diese Farbe hat so wie alle andere Farben verschiedene Grade ihrer Vollkommenheit, und wird bald heller bald dunkler verlangt, daher hat man auch verschiedene Arten solche zu verfertigen, wovon ich nur noch ein Recept hier anführen will, welches einen Halbscharlach giebt, welcher etwas mehr in das Blutrothe als der vorstehende fällt, und wobey nachstehendes Verhältniß beobachtet wird: Zum Sieden nimmt man auf 2 Stück gemeine Tücher, welche 48 Pfund wiegen, 6 Pfund weißen Bologneser Weinstein, 4 Pfund Alaun, 2 Pfund Sal armoniac, 2 Pfund Scharlachkomposition, 4 Pfund Fönum gräcum, und 6 Maas Weizenkleyen. In diesen Ingredienzien läßt man die Tücher 2 Stunden stark kochen, lüftet und spühlt solche, worauf man zum Färben ein neues Bad zurichtet, und gedachte Tücher mit 1½ Pfund Cochenille, 2 Pfund Krapp, 2 Pfund Scharlachkomposition und 1 Pfund Stärke färbt. Mehrere

Vorschriften zu Scharlach- und Halbscharlachfarben finde ich für überflüssig, weil ein jeder, welcher diese vorgeschriebenen Farben in möglichster Vollkommenheit zu machen weiß, sich gar leicht darein finden kann, wenn er nach vorgeschriebenen Mustern eine oder andere Farbe zu machen hat, welche heller oder dunkler seyn soll, wobey es nur auf Verminderung oder Vermehrung einer oder anderer Zuthat ankommt.

Vom Rothen aus dem Fernambuck- und Rothholz.

Der Gebrauch dieser beyden Farbhölzer, ist bey der Färberey auf gemeine wollene Waaren sehr stark. Tücher und Zeuge, welche damit roth gefärbt werden sollen, müssen zuvor durch einen Ansott von Alaun und Weinstein dazu vorbereitet werden. Die gewöhnlichsten Farben, die aus beyden Farbhölzern gefärbt werden, sind: Nacarat, oder der falsche Scharlach, Pompadourroth, Karmosinsin- und Rosenroth. Außer diesen gedachten Farben, werden mit dem Fernambuck- und Rothholz, verschiedene Grundfarben, zu mancherley Schattirungen von Braunen- und Violetfarben gefärbt, die bey der Beschreibung der vermischten Farben vorkommen werden.

Von der Nacaratfarbe, oder dem falschen Scharlach.

Wegen der Unbeständigkeit dieser Farbe werden gemeiniglich nur schlechte Zeuge, als: Friese, Boy, Flanelle und Serges, wovon die letztern beyden Gattungen zum schwarzen Kupferplattendruck bestimmt sind, und Scherpen, oder eine Art von Leibbinden, die in Pohlen noch in der Mode sind, nebst noch andern zum Unterfutter bestimmten geringen Zeugen, damit gefärbt. Ihre Verfertigung ist gar keiner Schwierigkeit unterworfen, besonders wenn die dazu bestimmten

Waaren von allem Schmuz wohl gereiniget sind.

Zu 100 Pfund schwerer Waare nimmt man 20 Pfund weißen Alaun, 3 Pfund weissen Bologneser Weinstein, und $\frac{3}{4}$ Pfund gemahlene Curcume; dieses zusammen läßt man gewöhnlich zerschmelzen, und siedet die Waare unter öfterm Umwenden, 2 Stunden lang in diesen Salzen. Wenn sie nach dem Sieden aus dem Kessel heraus genommen, und gehörig gelüftet ist, bedeckt man solche mit einer groben Leinwand, die man zuvor naß gemacht hat, und läßt die Waare 5 bis 6 Tage im Sude befeuchtet liegen, ehe sie in Roth gefärbt wird.

Das Färben geschiehet in einem besondern, blos zu den holzrothen Farben bestimmten kupfernen Kessel, welcher in großen Färbereyen fast täglich gebraucht, und gewöhnlich der Rothkessel genannt wird. Wenn dieser Kessel frisch zugerichtet wird, thut man gewöhnlich 15 Pfund Rothholz, und 10 Pfund Fernambuck, welches in sehr dünne

Späh=

Spähne gehobelt ist, den Abend zuvor, ehe man färben will, in einen Sack hinein, und füllet den Kessel mit reinem Wasser an. Des andern Tags in der Frühe, wird der Kessel nur so heiß gemacht, daß man die Hand darinnen leiden kann, und wenn man Waare auf Braun oder Granatenfarb zu färben hat, welche einen rothen Grund erfordert, so thut man wohl, wenn diese (nachdem sie zuvor den gehörigen Ansott von Alaun und Weinstein erhalten hat) zuerst in die Farbbrühe gebracht wird, weil die rothen Farbhölzer allemal Anfangs eine schmuzige Farbe von sich geben, die sehr in das Karmosinrothe fällt, woran öfters das Wasser, wegen einer Beymischung von alkalischen Theilen, Ursache ist. Man bewegt diese zu braun bestimmte Waare eine halbe Stunde in der Farbbrühe hin und wieder, worauf sie herausgenommen und gelüftet wird. Hat man diese zu Braun oder Granatenfarb bestimmten Zeuge aus der Farbbrühe gebracht, so wird letztere ihre Farbe merklich verändert haben, welche anfänglich dunkelroth aussahe, und nach dieser ersten Färbung ganz hellroth worden ist. Nach dem ersten Färben läßt man den Kessel eine Stunde ruhig stehen, und bringt die zur Nacaratfarbe bestimmten und seit 5 bis 6 Tagen im Sude befeuchtet gelegenen Zeuge hinein; diese werden eine gute halbe Stunde lang hin und wieder bewegt, und auf die Winde gebracht; siehet man nach dieser Zeit, wenn sie gut abgeronnen ist, daß die Waare die rechte Farbe hat, so wird sie von der Winde abgenommen, und in fliessendem Wasser ausgespühlt. Findet man aber, daß sie noch nicht dunkel genug ist, so wird das Feuer ein wenig verstärkt, und man bringt die Zeuge nach einer halben Stunde wieder in die Farbe, und handthiert sie so lange, bis sie dunkel genug sind. Bey diesem falschen Scharlach muß man sich sorgfältig in Acht nehmen, daß der Kessel anfänglich nicht zu sehr erhitzt werde, weil sonst die Zeuge gar bald zu dunkel und ungleich gefärbt werden; auch würden sie nicht diejenige Lebhaftigkeit an Farbe erhalten, die sie bey gehöriger Vorsicht und mittelmäßiger Hitze erhalten können.

Dieser falsche Scharlach läßt sich in der That so schön und lebhaft färben, daß er dem

Aechten

Aechten an lebhaftem Glanze nicht viel nachgiebt, wenn nur von der Dauer des Erstern nicht die Rede ist, denn er verliert an der Luft sehr bald seinen hellen Glanz.

Alle rothe Farben aus dem Fernambuck und Rothholz, müssen nur bey mäßiger Hitze gefärbt, und nicht zu lange in der Brühe gelassen werden, wenn sie lebhaft und glänzend ausfallen sollen; und wenn man wahrnimmt, daß die Farbe nachläßt, so muß man wieder in einen zweyten Sack, neue Fernambuck- und Rothholzspähne in den Kessel thun, oder man läßt den Kessel, ehe man ihn mit frischem Farbholz versiehet, einige Stunden ruhig stehen, worauf man wieder eine Parthie Zeuge darinn färben kann. Ordentlich bedient man sich eines solchen zugerichteten Rothkessels, wenn man täglich daraus färbt, einen Monat lang; färbt man aber nicht alle Tage darinn, so kann man ihn auch 2 bis 3 Monate lang erhalten, ehe man ihn ausleeret. Zuletzt, wenn die Farbbrühe nur noch ganz schwach färbt, nimmt man gewöhnlich solche Zeuge hinein, welche sehr dunkelroth wer-

werden sollen, diese werden aber auf einer solchen alten Farbbrühe nur grundiret, welches die Färber Schmitzen heißen, und dieses Verfahren ist sehr nutzbar, weil derley Zeuge in der Folge, auf einem frisch zugerichteten Rothkessel bald dunkelroth gefärbt werden können, und dabey alle erforderliche Lebhaftigkeit erhalten. Als ein Hauptumstand darf hier angemerkt werden, daß die Zeuge, die man in einer solchen rothen Farbbrühe färben will, niemals gleich vom Sude weg, in den Rothkessel gebracht werden dürfen, weil sich sonst von der Feuchtigkeit und den Salzen des Sudes zu viel in der Farbbrühe ausbreitete, so, daß solche dadurch zu sehr verdünnet würde, woraus der Umstand erfolgte, daß die Zeuge nicht nur sehr langsam dunkel genug gefärbt werden könnten, sondern sie würden auch gar nicht lebhaft und glänzend ausfallen. Wäre man aber aus dringenden Ursachen genöthiget, die Zeuge gleich nach dem Sude in den Rothkessel zu bringen, so dürfte man sie nur eine halbe, oder auch wohl eine Stunde länger in dem Sudkessel lassen, und man müßte solche, nachdem sie vom Sude verkühlt

kühlt sind, in fliessendem Wasser recht gut ausspühlen, und dann erst in die Farbbrühe bringen, wo man alsdenn weniger Nachtheil für die Farbe zu befürchten hätte.

Vom Pompadourrothen aus dem Fernambuck und Rothholz.

Die Waare, welche man in dieser Farbe färben will, muß vorhero ordentlich in Alaun und Weinstein gesotten werden, und man beobachtet dabey das nämliche Verhältniß, wie es bey dem Sude zu Nacarat ist angezeigt worden, nur daß man hier den Curcume wegläßet, welcher dieser Farbe sehr nachtheilig seyn würde, weil solche keinen gelben Schimmer, sondern einen blauen erhalten soll.

Diese, durch den Ansott vorbereitete Waare läßt man ebenfalls 5 bis 6 Tage im Sude befeuchtet liegen, ehe man sie in den Rothkessel bringt. Die Stärke der Farbe, die man der Waare in dieser rothen Farbbrühe giebt, richtet sich nach der Probe, die man nachzuahmen hat. Zu der dunkelsten Pompadourfarbe werden solche auf dem Rothkessel ordentlich blutroth gefärbt, worauf man sie verkühlen, und wenn es die Zeit erlaubt, 12 bis 24 Stunden in dieser Farbe liegen lässet, ehe man sie in einem besondern Kessel mit aufgelöster Potasche dunkel macht. Wollte man sie gleich nach dem Rothfärben aus dem Rothkessel mit Potasche dunkel machen, so müßte man solche um eine halbe Schattirung dunkler im rothen Grunde färben, als erforderlich ist, wenn man solche vor dem Abdunkeln (welches die Färber Schauen nennen) ein oder zween Tage in der Farbe liegen läßt, weil sich im letztern Falle die Farbe in dem Zeuge fester ansetzen kann, und in dem darauf folgenden Potaschenbade, wenig oder gar nichts von seinem Grunde verliert.

Das Abdunkeln mit Potasche.
(Schauen.)

Diese Bearbeitung wird auf einem besondern Kessel, welcher mit reinem Wasser gefüllet, und lauh warm erhitzt worden, verrichtet. Man löset zu dem Ende in einem besondern Geschirr, 20 Pfund Potasche im heißen Wasser auf, und läßt die Auflösung eine halbe Stunde ruhig stehen, daß sich das Dicke zu Boden setzet, worauf man die Hälfte von dieser Auflösung in den lauh warmen Kessel schüttet, mit einer hölzernen Krücke das Bad unter einander menget, und die auf dem Rothkessel gefärbten Zeuge (10 Stücke) hinein bringt; diese bewegt man eine Stunde lang ununterbrochen hin und wieder, worauf man sie auf die Winde bringt. Die zweyte Hälfte von der aufgelösten Potasche schüttet man vollends in den Kessel, rührt das Bad wohl unter einander, und bringt die Zeuge nochmals hinein; diese werden wieder so lange darinnen umgewendet, bis sie dunkel genug sind, welches nach Beschaffenheit

heit der Probe, die man zu färben hat, eher- der oder später geschiehet. Längstens eine Stunde darnach, wenn sie das zweyte mal in das Potaschenbad sind gebracht worden, können solche dunkel genug an Farbe seyn. Wollte man aber dieses Verfahren beschleunigen, so dürfte nur der Kessel in etwas stärker erhitzt werden, doch nur so, daß man die Hand einige Minuten lang darinnen leiden kann, ohne sich zu verbrennen. Durch diese verstärkte Wärme des Kessels, würde das Abdunkeln um die Hälfte Zeit geschwinder können bewerkstelliget werden, und man würde so gar einige Pfunde Potasche dabey ersparen; allein die Farbe würde zwar dunkel genug, aber dabey sehr wenig lebhaft, sondern ganz matt und trübe ausfallen, ja sie würde von ihrem rothen Grunde viel verlieren, weil die Potasche durch die merkliche Wärme des Bades würksam genug gemacht würde, einen Theil der durch den Ansott dem Zeuge mitgetheilten Salze aufzulösen, die sich nebst den rothen Farbetheilchen, welche von den Salzen gehalten wurden, mit dem Bade vermengen würden, welches an der dun-

dunkeln Farbe des Bades, die dasselbe annehmen würde, zu erkennen wäre. Es ist daher viel rathsamer, bey diesem Verfahren den Kessel nicht zu heiß zu machen, und die Waare lieber eine Stunde länger in dem Bade zu lassen, als durch allzu starke Wärme das Abdunkeln zum Nachtheil der Farbe zu beschleunigen, weil im erstern Falle die Farbe allemal viel lebhafter und glänzender ausfällt, und man im Grunde betrachtet, doch nicht mehr Potasche braucht, weil das zurück bleibende Bad wieder auf andere Pompadourfärbige Zeuge kann benutzet werden, und nicht als unnütz weggeschüttet werden darf. Einige Färber, welche sehr auf Ersparung antragen, lassen das Bad, welches vom gedachten Abdunkeln übrig bleibt, in große hölzerne Bottige füllen, und heben es so lange auf, bis sie wieder andere Zeuge dunkel zu färben haben. Im Winter läßt sich ein solches Bad mehrere Monate lang aufbewahren; im Sommer aber nimmt es gar bald einen übeln Geruch an, und muß alsdenn weggeschüttet werden. Bisweilen bedienen sich die Färber zum Dunkelmachen ihrer Pompadour-

rothen

rothen Farben, des ungelöschten Kalchs. Sie nehmen den Kalch, wie er zu den Küpen vorbereitet und gesiebt ist, schütten solchen in ein Geschirr, welches mit kaltem Wasser gefüllet ist, rühren alles wohl unter einander, und lassen es ein paar Stunden stehen, bis sich das Dicke zu Boden setzt. Das Klare wird in der Höhe abgeschöpft, und anstatt der Potasche in den Kessel zum Abdunkeln gethan. Das Verfahren wird im übrigen, wie beym Gebrauch der Potasche gesagt worden, betrachtet. Die mit diesem Kalchwasser dunkel gemachten Zeuge, sind beynahe etwas glänzender, als jene von der Potasche; allein, wer den Bedacht dahin nimmt, daß das Publikum mit unschädlichen Farben bedienet werde, wird vom Kalche dennoch keinen Gebrauch machen, weil solcher seine korrosivische Eigenschaft erst in der Folge zeigt, und Tücher, oder Zeuge, die mit diesem sind dunkler gemacht worden, viel geschwinder zerreissen, als andere, bey welchen man sich der Potasche bedienet hat.

Vom Karmosinrothen aus dem Fernambuck- und Rothholz.

Das Karmosinrothe ist eine hellere Schattirung von der vorstehenden Pompadourfarbe. Die Zeuge werden hierzu eben so, wie zur vorhergehenden, durch den Ansott von Alaun und Weinstein (ohne Curcume) vorbereitet. Der Unterschied, welcher bey Bearbeitung der Karmosinrothenfarbe, und der vorhergehenden beobachtet wird, besteht darinn, daß man die zu Karmosin bestimmten Zeuge, auf dem Rothkessel bey weitem nicht so dunkel färben darf, als zu Pompadour. Zu einem gewöhnlichen Karmosin dürfen sie auf dem Rothkessel nur eine satte Fleischfarbe erhalten, worauf sie, wie die obgedachten, in einem besondern Kessel abgedunkelt werden. Will man aber diese Farbe so lebhaft und glänzend färben, als es die Natur der Sache erlaubt, so darf das Potaschenbad, worinn das Abdunkeln verrichtet wird, nicht erwärmt werden, sondern es muß ganz kalt seyn. Die Arbeit wird zwar hierdurch

durch in etwas aufgehalten, aber die Schönheit der Farbe ersetzt diese Verzögerung reichlich. In einigen Färbereyen, wo man Raum genug hat, bedienet man sich zum Abdunkeln der Karmosin- und anderer hellrothen Farben, nur hölzerner großer Geschirre, die mit einer Winde versehen sind. Diese Arbeit läßt sich auch würklich sehr leichte in einer großen Bottige bewerkstelligen, und man hat dabey den Vortheil, daß der Kessel, den man zu dieser Arbeit, in Ermangelung eines hölzernen Geschirres, hätte verwenden müssen, zu einem andern Gebrauch kann benutzt werden. Bey diesem kalten Abdunkeln in einem hölzern Geschirr, gewinnt man auch an der Zeit, weil man die Zeuge des Tags über, nur 5 bis 6 mal umwenden darf, und die übrige Zeit können solche ruhig liegen bleiben, ohne daß man befürchten darf, sie fleckigt zu machen, wenn die Zeuge nur nicht zu gedrängt über einander liegen. Ich habe es versucht, einige Zeuge, die zu Karmosin bestimmt waren, des Nachts in dem hölzernen Geschirr im Potaschenbade liegen zu lassen, weil solche den ersten Tag

noch

noch nicht dunkel genug waren, diese wurden des andern Tags nicht nur so gleich als möglich gefärbt befunden, sondern sie waren dabey so schön und lebhaft an Farbe, daß sie das ächte Karmosin aus der Cochenille übertrafen.

Von der Rosenrothen Farbe aus dem Fernambuck- und Rothholz.

Von dieser Farbe finde ich nur sehr wenig zu erinnern, weil das ganze Verfahren hierbey in allem dem Vorstehenden gleich ist, mit der einzigen Ausnahme, daß der Rothkessel nur sehr schwach an Farbe seyn muß, wenn man Zeuge zu Rosenroth röthen will. Diese Farbe verlangt nur einen ganz schwachen Fleischfarbenen Grund, sie darf dahero auf dem Rothkessel auch nicht sehr heiß manipulirt werden, wenn man sie hell genug, und dabey gleichförmig färben will. Indessen hat man doch Auswege, diese Farbe sehr schön, und dabey so hell und gleich, als man nur verlangen kann, zu färben, wenn man einen besondern, mit reinem Wasser gefüllten Kessel nimmt, solchen etwas mehr als lauh warm macht, und so viel von der rothen Brühe aus dem Rothkessel darein schüttet, als man glaubt genug zu seyn, um die im Ansott von Alaun und Weinstein vorbereiteten Zeuge, hell Fleischfarb färben zu können, und solche in dem darauf folgenden kalten Potaschenbade, vollends Rosenroth zu machen. Dieses geschiehet auf die nämliche Art, wie bey dem Karmosinrothen gesagt worden.

Pfirsichblüthfarbe aus dem Fernambuck- und Rothholz.

Diese Farbe, als eine hellere Schattirung von der vorstehenden Rosenrothen, auf gezwirnte Zeuge schön und gleichförmig zu färben, ist nicht so leichte, als man dem Anscheine nach vermuthen sollte, weil diese Farbe so hell ist, und einen so schwachen Grund erfordert, daß sie auf dem gewöhnlichen

Rothkessel nicht kann gefärbt werden. Wenn man dahero diese helle Farbe auf gezwirnte Zeuge gleich, und dabey lebhaft genug machen will, so muß man solche zwar gewöhnlich mit Alaun und Weinstein ansieden, man kann aber von dem Alaun die Hälfte, und vom Weinstein zwey Drittheil, von der zu Pompadour vorgeschriebenen Portion abbrechen, weil die Farbe selbst so schwach ist, daß sie mit dieser Quantität der Salze stark und lebhaft genug gefärbt werden kann. Nach dieser verhältnißmäßigen Vorbereitung durch den Sud, wird ein besonderer Kessel mit reinem Wasser gefüllet, und so warm gemacht, daß man die Hand darinnen leiden kann. In diesen Kessel schüttet man so viel rothe Brühe aus dem Rothkessel, als man urtheilet genug zu seyn, um eine sehr blasse Fleischfarbe zu erhalten. Man bringt die mit dem beschriebenen schwächern Sud vorbereiteten Zeuge hinein, bewegt sie so lange darinnen hin und wieder, bis sie ganz gleich von Farbe, und zu der verlangenden Schattirung dunkel genug sind. Sollte man bemerken, daß die Farbe bey so mäßiger Hitze des Bades, nicht eqal würde, so müßte das Feuer merklich verstärkt werden; doch darf man diese Farbe niemals kochen lassen, weil sie dadurch sehr viel von ihrer Lebhaftigkeit verlieren würde. Hat man die Zeuge in dieser schwachen rothen Farbe ganz gleich und lebhaft gefärbt, so wird das Feuer von dem Kessel weggenommen, die Hälfte des Bades ausgeleeret, und kaltes Wasser dagegen zugefüllt; dann löset man auf 100 Pfund Waare, etwa 12 Pfund Potasche in einem besondern Geschirr, mit heißem Wasser auf, schüttet die Hälfte davon, wenn es sich ganz klar gemacht hat, in das abgekühlte Bad, rühret alles wohl unter einander, und bringt die gerötheten Zeuge hinein, man bewegt sie eine halbe Stunde lang darinnen um, und bringt sie in der Folge wieder auf die Winde. Die 2te Hälfte von der aufgelösten Potasche wird vollends hinzu gethan, gut unter einander gerührt, die Zeuge hinein gebracht, und wieder so lange darinnen umgewendet, bis sie genugsamen blauen Schimmer erhalten haben. Diese Farbe, wenn sie recht gemacht wird, ist sehr schön, und schöner noch, als wenn sie mit der Cochenille gemacht wird, weil man ihr mit letzterer nicht gar leichte so viel blauen Schimmer geben kann, als mit dem Fernambuck- und Rothholz, daher geschiehet es auch öfters, daß diese Farbe anfänglich mit etwas mehrerm blauen Schimmer gefärbt wird, als sie ihren Namen nach, haben sollte, weil sie sich an der Luft gar bald verändert, und dann erst eine wahre Pfirsichblüthfarbe vorstellt. Es ist Schade, daß diese, und alle hellen Farben, die mit dem Fernambuck- und Rothholz gemacht werden, nicht beständig sind, und gar bald abschiessen. Wenn sie diesen Fehler nicht an sich hätten, so würden solche den ächten Farben aus der Cochenille vorzuziehen seyn, weil sie letztere an Schönheit und lebhaften Glanze übertreffen.

Für diejenigen, welche bey ihren Färbereyen auf alle mögliche Ersparung und Beförderung sehen, will ich hier zur Nachricht beyfügen, daß man, um gedachte Pfirsichblüthfarbe zu verfertigen, zum Sud der Waare nicht allezeit frische Salze zu nehmen nöthig hat, und daß man hierzu das nämliche

Bad benutzen kann, worinnen Waare zu Granatenfarbe oder Pompadourroth, ist gesotten worden. In diesem Bade, welches zu einer hellen Farbe noch Salztheile genug enthält, werden die zu Pfirsichblüthfarbe bestimmten Zeuge eine Viertelstunde lang umgewendet, und darauf eine Stunde lang, unter öftern Umhandthieren gesotten, worauf man sie etliche Tage im Sud befeuchtet liegen läßt, und auf beschriebene Art färbt. Wer die gebrauchten Sudbäder gehörig zu gebrauchen weiß, der kann öfters nicht nur am Alaun und Weinstein, sondern auch am Brennholze und an der Zeit, eine merkliche Ersparung machen.

Vom Rothen aus dem Krapp, (Englischroth oder Halbscharlach.)

Der Krapp giebt eine sehr dauerhafte und feste Farbe auf Wolle, Tücher und Wollenzeuge, am mehresten aber werden Tücher, die

die für das Militär bestimmt sind, Krapproth gefärbt. Auf Wolle, und gewebte Zeuge, ist solche sehr wenig im Gebrauch, weil sie, gewöhnlich gemacht, nicht so viel Glanz, als Festigkeit hat. Hierbey wird wohl niemand in Abrede stellen, daß man bey der Wollfärberey sich bey weiten die Mühe nicht gegeben hat, die Krapprothefarbe zum möglichsten Grad der Vollkommenheit zu bringen, als man unermüdeten Fleiß angewendet, in den Kattundruckereyen die Krappfarben zu befestigen, und von ungemeiner Lebhaftigkeit zu machen. In wie weit es mir geglückt, eine Krapprothe Farbe auf Tücher zu verfertigen, welche dem so genannten Halbscharlach sehr ähnlich siehet, und vielmehr Lebhaftigkeit und Glanz als die gewöhnlichen Krapprothenfarben hat, werden diejenigen zu ihrer größten Zufriedenheit ersehen, welche diese Farbe nach folgender Vorschrift machen.

Auf 4 Stücke Militärtücher, welche 96 Pfund schwer sind, nimmt man zum Sud in einem Kessel, der mit reinem Wasser gefüllet ist, 16 Pfund Alaun, 8 Pfund weißen Wein-

 stein,

stein, 2 Pfund Scharlachkomposition, und ¼ Metzen Weizenkleyen; man läßt den Alaun und Weinstein zerschmelzen, und bringt die Tücher hinein, welche 2 Stunden lang darinnen ununterbrochen kochen müssen; nach deren Verlauf werden solche herausgenommen, über einem Schragen etliche mal gelüftet, und mit einer nassen Leinwand bedeckt. In diesem Zustande läßt man sie 8 bis 10 Tage liegen, und wendet solche in dieser Zwischenzeit nur einige mal um, damit sich die darinnen zurückgebliebenen Salze des Sudes, desto gleicher vertheilen. Nach 10 Tagen werden die Tücher in fliessendem Wasser rein ausgespühlt, mit hölzernen Stößeln gut ausgestoßen, und mit Klopfhölzern gut ausgeklopft, damit alle diejenigen Salztheile des Sudes, die sich nicht fest genug angelegt haben, weggeschaft werden, weil sie sonst der nachstehenden Farbbrühe nachtheilig seyn würden. Zween Tage vor dem Färben wird ein Kessel, welcher zu 4 Stück Tüchern groß genug ist, mit reinem Wasser gefüllet, und etwas mehr als lauh warm erhitzt. In diesen Kessel hängt man in einem Sack von gro-

ber

der Leinwand, $\frac{1}{4}$ Metzen Weizenkleyen, druckt solchen in dem Kessel gut aus, bis das Wasser davon etwas weiß gefärbt aussiehet; der Kessel wird bedeckt, und bleibt in diesem Zustande 36 Stunden stehen, nach deren Verlauf man bemerken wird, daß das Wasser einen schwachen sauren Geruch angenommen hat, welches der Endzweck war, der mit den Weizenkleyen erlangt werden sollte. Sobald man wahrnimmt, daß das Wasser sauer zu werden anfängt, werden in einer großen hölzernen Wanne 24 Pfund von dem feinsten Elsaßer Krapp (Grappefleur, Garencefleur) in kaltem Wasser eingeweicht, mit den Händen sehr klein zerdruckt, und wenn man keine Brocken mehr fühlet, werden diese 24 Pfunde in Wasser klein gemachter Krapp in den Kessel geschüttet, ohne darinnen zu rühren; man läßt diesen noch 12 Stunden lang bedeckt stehen, und bringt nach deren Verlauf die mit dem Sude vorbereiteten, ausgespühlten und geklopften Tücher, wenn der Kessel zuvor erhitzt worden, und anfängt lauh warm zu werden, hinein, nachdem man den Sack mit der Kleyen zuvor herausgenommen, und die Farb-

 brühe

brühe gut aufgerührt hat. Die Tücher, welche an beyden Enden an einander geheftet worden, so, daß sie einen Ring formiren, und die Winde durchgesteckt werden muß, werden eine halbe Stunde lang sehr geschwinde hin und wieder bewegt, worauf man die Winde nach und nach immer langsamer gehen läßt; das Feuer wird sehr verstärkt, damit der Kessel längstens eine Stunde darnach, wenn man die Tücher in die Brühe gebracht hat, sich zum Kochen anschickt. Sobald man aber bemerkt, daß der Kessel anfängt mit starkem Wallen zu kochen, müssen die Tücher unverzüglich herausgenommen werden, denn sie dürfen nicht über 6 Minuten lang kochen, wenn sie eine, im möglichsten Grade schöne und lebhafte Krapprothefarbe Farbe erhalten sollen, und gewiß erhalten werden, wenn man bey diesem Verfahren nichts übersiehet, oder verfehlet.

Nach der zeithero gewöhnlichen Methode, hat man die zu Krapproth bestimmten Tücher mit 4 Theilen Alaun und 1 Theil Weinstein gesotten, und 1 oder 2 Tage nach dem

dem Sude roth gefärbt. Man hat zwar wohl ein Krapproth auf diese Weise erhalten, welches sehr in das Blutrothe gefallen ist, und gar nicht viel Lebhaftigkeit hatte. Betrachtet man aber ein nach obiger Vorschrift gefärbtes Krapproth dagegen, so wird man einen auffallenden Unterschied bemerken, und wird dafür halten, daß zu Ersterm die Hälfte Cochenille müsse gebraucht worden seyn, weil es einem Halbscharlach ähnlicher siehet, als einem gemeinen Rothen aus dem Krapp.

Mehrere Schattirungen aus dem Krapp, werden sehr selten gefärbt. Die gewöhnlichsten Farben, die außer dem obbeschriebenen Rothen, aus dem Krapp gefärbt werden, sind: Krebsroth, und eine, etwas in das Violet fallende braune Farbe; da beyde aber schon vermischte Farben sind, so wird unter der Aufschrift: von vermischten Farben, das Nöthige davon angezeigt werden.

Vom Rothen aus der Färberröthe, (Breßlauer Röthe.)

Die Wolle, Tücher und Zeuge, welche man mit Färberröthe roth färben will, werden ordentlich mit dem Ansott so vorbereitet, wie bey dem Krapprothen gesagt worden, und ist die übrige Bearbeitung beym Färben selbst mit jener völlig einerley, ob gleich die Farbe von beyden etwas verschieden ist, welcher Unterschied darinnen besteht, daß die rothe Farbe aus der Färberröthe etwas dunkler ist, und weniger Glanz hat, als jene aus dem Krapp, dahero bedienen sich auch nur sehr wenige Färber der Breßlauer Röthe, wenn sie Tücher roth zu färben haben; hingegen wird letztere durchgehends zu Anstellung der Waydküpen gebraucht, um den dunkelblauen Farben den röthlichten Glanz dadurch zu verschaffen, und die Gährung der Küpe damit zu befördern. Außer diesem Gebrauch zu den Waydküpen, werden gewöhnlich die Taback-braunen und Zimmtfarben damit gefärbt, wobey das Verfahren sehr einfach ist, und

wenig

wenig Schwierigkeiten unterliegt. Die Zeuge oder Tücher, welche man Tabackfarbe färben will, dürfen durch keinen Sud von Alaun und Weinstein vorbereitet, sondern nur in heißem Wasser vorher gut naß gemacht werden. Nach dem Netzen schüttet man auf 1 Stücke Tuch, welches 24 Pfunde wiegt, 4 Pfund Röthe, 2 Pfund Sumack, und 2 Pfund ordinären Weinstein in den Kessel; dieses zusammen läßt man etliche Minuten lang kochen, dämpft darauf das Kochen durch Hinzuthun etwas kalten Wassers, und bringt das Tuch hinein, welches eine Viertelstunde lang geschwinde, in der Folge aber ganz langsam hin und wieder bewegt wird, daß der Kessel dabey kochen kann. Man läßt das Tuch unter währendem Kochen eine Stunde darinnen, nimmt es alsdenn heraus, und lüftet solches über einem Schragen. Das Bad wird hierauf zur Hälfte ausgeleeret, und kaltes Wasser dazu gefüllet; man löset in einem besondern Geschirr 1 Pfund grünen Vitriol auf, und schüttet das Klare davon in das Bad; alles wird wohl unter einander gerührt, und das Tuch hinein gebracht, man

bewegt

bewegt es sehr geschwinde darinnen hin und wieder, und siehet in einer halben Stunde darnach, ob es dunkel genug ist. Diese Farben, ob sie schon nicht viel Lebhaftigkeit haben, erhalten sich immer in der Mode, blos weil sie sehr feste und beständig sind, und an der Luft und Sonne sich sehr lange halten, ohne von ihrem Grunde etwas zu verlieren, dahero man diese so wohl, als alle übrige Farben, die mit dem Krapp und der Färberröthe gefärbt werden, unter die ächten Farben zählet. Es werden außer dieser Tabackfarbe, noch sehr viele sogenannte Rehfarben, mit der Färberröthe gemacht, deren Verfertigung man unter dem Capitel der braunen Farben ersehen wird.

Vom Gelben.

Zum Gelbfärben sind in Deutschland folgende 7 Materialien bekannt, als: das indianische Gelbholz, das hungarische Gelbholz, oder sogenannte Visetholz, der Schart, das

das Gilbkraut, der Wau, die Curcume und die Creuzbeeren, welche man in der Handlung unter dem Namen Grains d'avignon kennet. Ein jedes von diesen Farbmaterialien giebt eine andere Schattirung von Gelb, und jedes muß bey der Färberey anders behandelt werden, wenn man dessen Farbe in möglichster Schönheit erhalten will; ich werde dahero den Gebrauch eines jeden Materials insbesondere zeigen, und

Vom Gelben aus dem indianischen Holze

den Anfang machen. Dieses Farbholz, welches in sehr großen Stämmen über Holland zu uns gebracht wird, muß vor dem Gebrauch, wie alle andere Farbhölzer, in sehr dünne Spähne gehobelt werden. Die Tücher oder Zeuge, welche damit gelb gefärbt werden sollen, müssen vorhero mit dem gewöhnlichen Sud von Alaun und Weinstein, angesotten werden; das Verhältniß dieser Salze aber richtet

richtet sich nach der Schattirung von Gelb, welche man färben will. Soll das Gelbe einen grünlichen Schimmer erhalten, und eine Art von Schwefelgelb vorstellen, so muß man zum Sott sehr wenig, oder gar keinen Weinstein nehmen; will man aber ordentlich Strohfarb färben, so darf man zu 5 Pfund schwerer Waare 1 Pfund Alaun und 8 Loth Weinstein nehmen. Sollen beyde Farben nur ganz schwach und helle werden, so darf das Bad vom Sude nicht weggeschüttet, sondern es muß zum Färben selbst angewendet werden. Man füllet nach vollendetem Sieden, vom gehobelten indianischen Gelbholze so viel in einen Sack von grober Leinwand, und wirft ihn in das zurückgebliebene Alaunbad, und bewegt ihn so lange hin und wieder, bis die Brühe diejenige Farbe angenommen hat, welche man färben will; hat man nur wenig Spähne in den Sack gethan, so muß man ihn ein wenig kochen lassen, und den gelben Schaum, welcher sich auf die Oberfläche des Bades erhebt, mit einem Schaumlöffel abnehmen. Wenn die Brühe gelb genug aussiehet, so wird das Tuch oder der

Zeug hinein gebracht, und so lange hin und wieder bewegt, bis er die rechte Farbe hat. Kochen läßt man gewöhnlichermaßen diese gelben Farben nicht, weil sie dadurch etwas matt und trübe würden. Bey gezwirnten festen Zeugen, darf man den Sack mit dem Gelbholze nur nicht zu lange in der Brühe lassen, daß sie nicht zu stark von Farbe wird, und man die Zeuge lang genug im Kessel lassen kann, damit solche durchaus gleich gefärbt werden, ehe sie dunkel genug sind. Durch diese Vorsicht können auch die fest gewebten Zeuge schön gleich, und durch und durch gefärbt werden, ohne sie zu dunkel zu machen. Vorstehendes beobachtet man bey den hellen Schwefel- und Strohgelben Farben. Will man aber Strohfarben machen, die sehr satt und dunkel sind, so wird zum Färben der Kessel nach dem Sud ausgeleeret, und ein neues Bad zubereitet; man wirft einen Sack mit gehobelten Gelbholz darein, läßt ihn so lange darinnen, bis es gelb genug ist, und bringt die Zeuge hinein, welche man anfänglich sehr geschwinde, in der Folge aber etwas langsamer darinnen hin und wieder bewegt, bis sie die verlangte Farbe haben. Diese gelbe Farbe darf man ebenfalls nicht kochen lassen, sonst würde sie zu sehr in das Goldgelbe fallen, und kein wahres Strohgelb mehr vorstellen. Diese gelben Farben fallen sehr lebhaft aus, und wenn man sie noch etwas feuriger und glänzender machen will, darf man nur in das Bad des Sudes, ehe man die Waare hinein bringt, auf 10 Pfund schwer Waare, etwa 1 Pfund Scharlachkomposition hinzuthun, und im übrigen nach der gegebenen Vorschrift verfahren, so wird man die schönsten und lebhaftesten gelben Farben erhalten, welche aber, mit Hinzuthun der Scharlachkomposition, weder ein wahres Schwefel- noch Strohgelb vorstellen, sondern helle Schattirungen von Goldgelb sind. So schön die gelben Farben auch sind, welche man von dem indianischen Holze erhält, so wenig wird letzteres bey der Färberey zu gelben Farben gebraucht, sondern fast durchgehends nur zu den grünen Farben, wovon unter dem Kapitel der letzteren, das Nöthige wird angezeigt werden.

Vom Gelben aus dem hungarischen Gelbholze.

Dieses Farbmateriale, welches in einigen Gegenden Deutschlands Visetholz genannt wird, ist ein Staudengewächs, welches man in Hungarn sehr häufig findet. Zum Färberengebrauch wird es entweder in sehr dünne Spähne gehobelt, oder auf besonders hierzu verfertigten Mühlen, in sehr kleine Splitter zermalmet. Die Farbe, welche man davon erhält, ist ein wahres Goldgelb. Die Zubereitung der Wolle oder Zeuge, vermittelst des Ansiedens, ist vom Vorstehenden in etwas verschieden. Man nimmt nämlich zu 8 Pfund Waare, 1 Pfund Alaun, ½ Pfund Weinstein und ½ Pfund Zinnsolution. Man siedet die Wolle ordentlich 2 Stunden lang in diesen Salzen, nimmt sie nach dieser Zeit aus dem Kessel, lüftet solche etliche mal, und spühlt sie im fliessenden Wasser aus. Zum Färben bereitet man ein neues Bad, und wirft einen Sack mit gehobelten hungarischen Gelbholze hinein. Der Schaum, der sich vor und währendem Kochen des Kessels auf dessen Oberfläche erhebt, wird sorgfältig weggenommen, und die Wolle, wenn das Bad stark genug von Farbe ist, hinein gebracht, man bewegt sie an glatten Stäben, welche mitten durch die Strehne durchgesteckt werden, sehr geschwinde hin und wieder, daß dasjenige, welches zuvor außer dem Kessel auf den Stäben befindlich war, einige Minuten darnach zu unterst in die Farbe kommt; auf diese Weise wird gesponnene und gezwirnte Wolle sehr gleich gefärbt. Sollte die Farbe aber zu geschwinde angefallen seyn, und nach einer Stunde noch nicht gleich gefärbt aussehen, so müßte man die Wolle so lange gelinde kochen lassen, bis sie die Farbe überall gleich angenommen hat. Man erhält auf diese Weise eine goldgelbe Farbe, die sehr schön ist, und vielen Glanz hat, welche dabey sehr dauerhaft ist, und an der Luft und Sonne sich wie alle ächte Farben verhält. In Zeugfabriken, wo man gestreifte Kamelotte, Bourdongs, und derley Waaren verfertiget, bedient man sich ;des hungarischen Gelbholzes, um die sogenannten Orangeschattirungen

damit

damit zu färben. Eine solche Schattirung von gezwirnter Wolle, enthält gemeiniglich 10 Abstufungen, die sich von der blassen Lederfarbe anfangen, und bis zur dunkelsten gelbbraunen Farbe hinauf steigen. Einige Färber, die sich in Verfertigung dieser Schattirung eine Fertigkeit erworben haben, sieden ihre Garne auf die zu Goldgelb vorgeschriebene Art, und werfen nach vollendetem Sude sogleich einen Sack mit gehobelten hungarischen Gelbholze in das vom Sud noch heisse Bad, lassen solchen etwa eine Viertelstunde lang darinnen, ohne ihn kochen zu lassen, worauf solcher herausgenommen, und der Theil von Wolle, welcher am dunkelsten werden soll, in den Kessel genommen wird; man zieht diese eine Viertelstunde lang über die Stäbe, daß sie die Farbe überall gleich annimmt, bringt dann solche heraus, und nimmt diejenigen Theile von der Wolle in den Kessel, welche die hellesten Schattirungen erhalten sollen, von welchen man immer eine Schattirung später als die andere in die Farbe bringt, und so lange darinnen lässet, bis sie die rechte Farbe erhalten haben. Hat man einmal zwo oder drey der hellesten Schattirungen gefärbt, so wird der Sack mit dem Holze wieder in den Kessel geworfen, und man läßt ihn eine Zeitlang darinn kochen; die übrigen Schattirungen, wenn sie gehörig an Stäbe angemacht sind, bringt man eine nach der andern, jede etliche Minuten später in die Farbe, bis der Kessel dergestalt damit angefüllet ist, daß man nur noch genugsamen Raum zum Umwenden übrig hat, und läßt solche so lange darinnen, bis sie Stufenweise gleich an Farbe sind. Nun werden diese zur Hälfte mit feinem Krapp von der dunkelsten Schattirung angefangen, dunkler gemacht. Um dieses zu bewerkstelligen, werden 6 bis 8 Pfund Krapp, etliche Stunden zuvor, mit den Händen zerdruckt, und in kaltem Wasser eingeweicht. Dieser vorbereitete Krapp wird in den Kessel geschüttet, das Bad mit einer Krücke gut unter einander gerührt, und die dunkelste gelbe Schattirung wird hinein gebracht, welche man etwa 6 Minuten lang mit den Händen umwendet, ehe man die zweyte darzu nimmt, und so werden, von der dunkelsten angefangen, fünf Schattiruntirungen, immer eine später als die andere in den Kessel genommen, bis sie gehörig schattiren, und dabey nicht fleckigt, sondern ganz gleich gefärbt sind. Ist dieses Abdunkeln mit dem Krapp vollendet, so wird wieder von der dunkelsten Schattirung angefangen, und mit Zugiessung von ausgekochter Blauholzbrühe das Abdunkeln wiederholet, doch werden mit gedachter Brühe nur die drey dunkelsten Theile dunkler gemacht. Dieses Verfahren, welches sehr langweilig zu seyn scheinet, läßt sich wohl auch auf einem etwas kürzern Weg bewerkstelligen, allein, es würde doch die Arbeit um so viel verzögern, als die Zurichtung eines neuen Bades erfordert. Indessen wird kein erfahrner Färber in Abrede stellen können, daß es bey verschiedenen Farben ein merkliches zu Ersparung der Farbmaterialien beyträgt, wenn man nach vollendetem Ansott, zum Färben selbst, ein neues Bad zubereitet, und dieses würde ich auch beym Färben der Orangeschattirungen anrathen, wo man denn bey der Dunkelsten anfienge, und so fortfahren müßte, bis zur Hellesten; man würde nicht nur einen ansehnlichen Theil am Gelbholze ersparen, und die gelben Schattirungen würden dabey viel lebhafter ausfallen, sondern man würde auch vom Krapp und Blauholze etwas namhaftes erübrigen, und alle Schattirungen würden ein viel schöneres Ansehen erhalten, als wenn sie auf die gewöhnliche Weise gleich in dem Bade des Sudes wären gefärbt worden; und wollte man die hellesten Schattirungen etwas feuriger und glänzender haben, so dürfte man nur nach Verhältniß der Farbe, die man verlangt, mehr oder weniger Scharlachkomposition, beym Färben selbst, noch hinzuthun, und wenn man in der Größe der Färbekessel nur wählen darf, so würde ich anrathen, daß man die 5 dunkelsten Schattirungen auf einem kleinen Kessel dunkel machte, weil der hierdurch vermehrte Aufwand des Brennholzes, durch die Ersparung eines Antheils des Krapps und der Blauholzbrühe nicht nur reichlich ersetzt, sondern diese Arbeit auch viel geschwinder von statten gehen würde.

In einigen Färbereyen, wo man wider den Gebrauch der Curcume noch zu sehr eingenomgenommen ist, bedienet man sich des hungarischen Gelbholzes, um die Scharlachfarben damit zu orangiren, und läßt einen proportionirten Theil dieses Holzes (ohngefähr 1 Pfund zu 10 Pfunden gesponnener Wolle) in dem Kessel auskochen, ehe man die übrigen Zuthaten zum Scharlachsott in den Kessel bringt. Man glaubt, dadurch dem Scharlach einen beständigen feurigen Glanz zu geben, und ich zweifle gar nicht, daß man in Ansehung der Dauer des gelben Glanzes, seinen Endzweck erreichen werde; hingegen wird ein solcher Scharlach, wegen seines etwas matten Feuers, einem andern, der mit der Curcume ist orangirt worden, nachstehen müssen.

Vom Gelben aus dem Schartkraut.

Diese Pflanze wächst am häufigsten in Bayern, an den Passauischen Grenzen, wo sie weder angebauet, noch besonders gewartet

 wird,

wird, man findet solche in feuchten und schattigten Oertern; sie hat dem Hanf ähnliche dicke Stengel, die sich in der Höhe in 4 und mehrere Zweige theilen, welche viele, den Wegdisteln ähnliche, blaue Blumen tragen. Der Bayrische Landmann sammlet diese Pflanze in der Blüthezeit, trocknet solche im Schatten, und bringt sie wie Heugebünde zum Verkauf. Die Farbe, welche uns diese Pflanze liefert, ist das Mittel zwischen Schwefelgelb und Goldgelb, und ist in der Färberey unter dem Namen von Kaysergelb bekannt. Gewöhnlich werden Tücher zu Livreen, und gemeine Futterzeuge mit dem Schartkraut gelb gefärbt. Die Waare wird mit dem ordentlichen Sude von Alaun und weißen Weinstein hierzu vorbereitet, nämlich zu 100 Pfunde schwer Tuch oder Zeug, 20 Pfund Alaun, und 3 Pfund weißen Weinstein; man wirft auch gemeiniglich etliche Hände voll Weizenkleyen zu der Waare in den Kessel, und läßt sie zwo Stunden lang stark sieden. Nach dem Sude läßt man die Waare verkühlen, 5 bis 6 Tage befeuchtet liegen, und in fliessendem Wasser ausspühlen.

Zum

Zum Färben wird den Abend zuvor ein großer kupferner Kessel bestens gereiniget, und zu 100 Pfund Waare 50 bis 60 Pfund Schartkraut auf den Boden des Kessels gestreuet; ein Arbeiter muß solches mit den Füßen fest zusammen treten, man legt alsdenn ein starkes eisernes Creuz, woran 3 bis 4 derley Reife, immer einer größer als der andere befestigt sind, darauf; an dem Creuze sind 4 eiserne Schienen befestiget, welche beweglich sind, und bis an den Rand des Kessels langen; mit diesen Schienen wird das Creuz vermittelst 4 Klammern, die oben am Kesselrande angebracht sind, und wodurch man 4 eiserne Vorstecknägel befestiget, zu Boden gehalten, daß das Schartkraut nicht in die Höhe gehen kann, wenn man Wasser darauf lässet. Diese Arbeit heißt bey Färbern das Gilbspannen. Ist das Schartkraut in dem Kessel gut befestiget, so läßt man kaltes Wasser in den Kessel rinnen, bis er 6 Zoll vom Rande voll ist, auch streuet man 10 Pfund Potasche über das Schartkraut, damit das Wasser solches besser erweicht, und die Farbe ausziehet. Des andern Tags wird

der

der Kessel anfänglich nur so heiß gemacht, daß man die Hand noch darinnen leiden kann, und bringt die Waare, wenn es Zeuge sind, nur 2 Stücke auf einmal in die Farbe, sind es aber Tücher, so nimmt man nur eines auf einmal; man läßt die Waare sehr geschwinde zwey- bis dreymal über die Winde gehen, nimmt sie dann heraus, um solche zu lüften, man bringt dann eine zweyte Parthie in den Kessel, welche ebenfalls nicht länger darinn bleiben darf, und so wird fortgefahren, bis alle weiße Waare einmal in der Farbbrühe gewesen ist. Sobald man aber wahrnimmt, daß sich die färbende Kraft der Farbbrühe vermindert, wird das Feuer verstärkt, und man läßt den Kessel ohngefähr eine halbe Stunde ruhig stehen, ehe man eine andere Parthie Waare hinein bringt. Obschon diese Farbe sehr schnell anfällt, und die Waare viel leichter als eine jede andere Farbe gleich färbt, so werden die Zeuge und Tücher doch gewöhnlich zweymal in die Brühe gebracht. Zum zweyten mal fängt man bey den Hellesten an, und läßt solche nach Beschaffenheit der Farbe, die man verlangt, ein-

zwey-

zwey- oder höchstens dreymal über die Winde gehen, wo sie alsdenn gewiß dunkel genug gefärbt sind, und dabey so lebhaft aussehen, als es die Natur dieses Färbekrautes erlaubt. Diese, und die nachfolgende gelbe Farbe aus dem Gilbkraut, sind die allerfestesten gelben Farben, welche an der Luft gar nichts von ihrem Grunde verlieren, sondern noch eher dunkler werden. Vor der Erfindung der Sächsischgrünen Farbe, wurde die Wolle, Tücher und Zeuge, welche eine grüne Farbe erhalten sollten, auf die beschriebene Art gelb gefärbt, und darauf in die Waydküpe gebracht, um sie daselbst grün zu machen. Da aber diese Farbe bey weitem nicht so schön, als fest und dauerhaft ist, so hat sich auch der Gebrauch des Schartkrautes zu grünen Farben sehr vermindert.

Vom Gelben aus dem Gilbkraut.

Dieses grasartige Gewächs findet man beynahe in ganz Deutschland. Es wächst gewöhnwöhnlich an trocknen Orten, und treibt aus einem Stocke sehr viele, dem Ysop ähnliche, aber etwas eingebogene Stengel, welche um Johanni voller gelben Blüthen sind, die an Gestalt der Erbsenblüthe sehr ähnlich, aber ungleich viel kleiner sind. Man schneidet es in der Blüthezeit ab, und trocknet es im Schatten. Der Centner wird um zwey, bis drey Gulden verkauft. Es wird vollkommen so, wie das gedachte Schartkraut, zur Färberey gebraucht, und die Farbe des Gilbkrautes, ist beynahe ganz die nämliche mit jener des Schartkrautes, nur daß Erstere etwas weniger grünlichen Schimmer hat, und sich dem Goldgelben mehr nähert. In Gegenden, wo kein Schartkraut wächset, oder wegen der weiten Zufuhr um viel theurer als das Gilbkraut zu stehen kommt, bedient man sich des Gilbkrautes ganz allein, zu den sogenannten Kaysergelben Farben, oder man nimmt von beyden zu gleichen Theilen, und erhält auf jede Art schöne gelbe Farben. Alles was hierbey zu sagen noch nöthig seyn möchte, ist bey dem Gebrauch des Schartkrautes auf das deutlichste angezeigt wor-

den,

den, als wohin ich diesfalls meine Leser verweise.

Vom Gelben aus dem Wau.

Der Wau ist eine Pflanze, die theils angebauet, theils von sich selbst, in der Gegend um Paris wächset. Sie besteht aus langen Stengeln voller kleinen schmalen Blätter; Erstere wachsen ¾ bis 1 Elle hoch, und haben mit dem Flachse viele Aehnlichkeit, er wird auch in vielen Gegenden, wie letzterer alle Jahre im Frühling angebauet, und wenn er anfängt gelb und zeitig zu werden, mit sammt der Wurzel aus der Erde gerauft; man trocknet ihn dann im Schatten, und verführt ihn in Gebünden, wie Strohgebünde, zum Verkauf, und wenn man ihn bey der Färberey gebraucht, wird er in Säcke gethan, und ausgekocht. Die Farbe, welche man von dem Wau erhält, ist das allerschönste Schwefelgelb, welches einen lebhaften grünlichen Schimmer hat, und die gelben Farben aus dem indianischen Holze übertrift. In

Zeug=

Zeugfabriken, wo viele gestreifte Zeuge fabrizirt werden, bringt man unter andern lebhaften Farben, auch Schwefelgelbe Streifen mit vielem Geschmacke an. Ich werde also zeigen, wie man gezwirnte Wolle Schwefelgelb färbt. Die gezwirnte Wolle wird, wie sie in Strehnen, die man mit der Hand leicht umfassen kann, aus der Garnwäscherey dem Färber überliefert wird, an die Garnstecken, welches glatt gehobelte Latten sind, zu sechsen an einen Stecken angemacht. Der zinnerne Kessel, welcher mit reinem Wasser gefüllet, und etwas mehr als lauh warm seyn muß, wird mit dieser gezwirnten Wolle angefüllet, so, daß die Garnstecken quer über den Kessel liegen, und das Garn etwas über die Hälfte in den Kessel hängt. Man ziehet die Wolle, eine Hand voll nach der andern um, daß der Theil vom Garn, welcher oben auf war, nach dem Umziehen zu unterst kommt, und von dem Wasser benetzt wird. Dieses Umziehen wiederholt man 6 bis 8 mal, damit die vom Waschen etwa noch zurückgebliebene Seife sich mit dem Wasser vereiniget, und die gezwirnte Wolle gleichsam ausgespühlt wird.

Man

Man nimmt alsdenn das Garn heraus, und schüttet zu 50 Pfunden 10 Pfund weißen Alaun in den Kessel, welchen man einige Minuten lang mit einer hölzernen Krücke aufrührt. Das Feuer wird hierauf verstärkt, damit sich der Kessel zum Kochen anschickt. Sobald der Alaun in den Kessel geworfen ist, wird sich ein dicker weißer Schaum auf dessen Oberfläche erheben, welchen man so lange unberührt läßt, bis er anfängt an einigen Orten aufzuspringen, alsdenn hebt man ihn mit einem Schaumlöffel ab, und fährt damit so lange fort, bis sich das Bad ganz klar gemacht hat. Die Wolle wird in den Kessel gebracht, sehr oft mit den Händen umgezogen, und muß in diesem Alaunbade 2 Stunden lang sieden, worauf man solche herausnimmt, lüftet, und im fliessenden Wasser rein ausspühlet. Das Alaunbad wird hierauf weggeschüttet, (nachdem man zuvor das Feuer unter dem Kessel weggenommen, und die zurückgebliebenen glühenden Kohlen mit kaltem Wasser abgedämpft hat, um den zinnernen Kessel vor der Gefahr des Schmelzens dadurch zu sichern) der Kessel mit reinem Wasser gefüllet, und zum Kochen erhitzt. Man wirft einen Sack mit 12 bis 14 Pfund Wau hinein, und wenn man siehet, daß sich das Bad merklich gelb gefärbt hat, bringt man die gezwirnte Wolle, welche wie zuvor an die Garnstecken angemacht worden, hinein; man ziehet das Garn sehr geschwinde in den Kessel um, bis man siehet, daß es die Farbe überall gleich angenommen hat; man nimmt solches alsdenn wieder aus dem Kessel, und siehet darnach, ob es dunkel genug gefärbt ist. Im Falle, daß die Wolle zum ersten mal noch nicht satt genug an Farbe wäre, so müßte man den Sack mit dem Wau nochmals in den Kessel thun, und solchen eine Zeitlang darinn kochen lassen, auch das Garn noch einmal in den Kessel nehmen, und so lange unter fleissigem Umwenden darinn lassen, bis es die rechte Farbe, die man verlangt, erhalten hat. Gewöhnlichermaßen läßt man das Garn in der Farbbrühe niemals kochen, sondern man erhält den Kessel immer in solcher Hitze, die nahe am Kochen ist, man erhält dadurch eine viel lebhaftere Farbe, als wenn das Färben mit kochender Hitze bewerkstelliget würde.

Auf

Auf diese Weise erhält man eine Schwefelgelbe Farbe, die sehr schön und glänzend ist, welche sich auch beynahe so dauerhaft, als die ächten Cochenillenfarben erweiset.

Einige Färber nehmen gewöhnlich, wenn sie den Ansott zu dieser Farbe machen, etwa den vierten Theil so viel Scharlachkomposition, als sie Alaun nehmen, und sieden ihre gezwirnte Wolle wie gewöhnlich. Sie erhalten zwar hierdurch eine noch glänzendere gelbe Farbe, allein, diese ist alsdenn auch kein wahres Schwefelgelb mehr, sondern eine helle Schattirung von Goldgelb, und letztere Farbe würde ich lieber mit dem indianischen Gelbholze zu machen anrathen, weil es nicht nur beynahe um $\frac{2}{3}$ wohlfeiler ist, sondern auch die hellen Schattirungen von Goldgelb eben so schön liefert, als der Wau, wenn man bey einem, wie bey dem andern, sich der Scharlachkomposition zum Ansott bedienet.

Ob ich schon bey dem Sude zu Schwefelgelb gesagt habe, daß man die Wolle, wenn sie im Alaun gesotten ist, gleich darnach ausspühlen solle, so ist es doch hier ebenfalls, wie bey den Karmosin- und Pompadourrothen Farben, sehr gut, wenn die Wolle nach dem Sude 6 bis 8 Tage befeuchtet liegen bleibt, ehe sie im fliessenden Wasser gespühlt und gefärbt wird, weil die Schwefelgelben Farben eben so wohl wie die Holzrothen, dadurch viel lebhafter und etwas fester werden.

Vom Gelben aus der Curcume.

Die Farbe aus dieser gemahlenen indianischen Wurzel ist, wenn sie dunkel genug gemacht wird, ein wahres Goldgelb, das sehr viel Feuer und lebhaften Glanz hat. Indessen bedienet man sich der Curcume zu goldgelben Schattirungen beynahe gar nicht; theils weil dieses Farbmateriale zu theuer ist, und andere, viel wohlfeilere Farbstoffe, eben so gute Dienste thun, theils auch, weil sie nicht vollkommen so feste und dauerhafte Farben giebt, als das hungarische Gelbholz. Der stärkste Gebrauch der Curcume bey der

Färberey ist, daß man dem ächten Gobelins-scharlach den lebhaften feurigen Glanz damit giebt. Der falsche Scharlach, oder die Nacaratfarbe aus dem Rothholz und Fernambuck, wird ebenfalls mit einem gelben Grunde aus der Curcume gefärbt. Auch bedient man sich derselben, verschiedene dunkle Farben damit gleichsam zu vergolden, und einen lebhaften gelben Schimmer zu geben, als zum Beyspiel: die Zimmtfarben, Mort-d'orèbraunen und Olivengrünen Farben. Beym Vorkommen dieser Farben wird die Anwendung der Curcume jedesmal angezeigt werden.

Eine besondere Vorschrift zu verschiedenen gelben Schattirungen aus der Curcume zu geben, scheinet mir aus vorhin angezeigten Ursachen unnöthig zu seyn, und wollte sich doch ein oder anderer Färber derselben, in Ermangelung anderer Farbmaterialien, bedienen, so dürfte er sich nur genau nach der Vorschrift zum Gebrauch des hungarischen Gelbholzes richten, und er würde seinen Endzweck eben so gut als mit leztern erreichen.

Bey Erfindung der Sächsischgrünen Farbe, bediente man sich dazu der Curcume, allein man hat gefunden, daß sie bey denen Farben, wo zum Sude Alaun angewandt wird, sehr bald abschiesset, und daß das indianische Gelbholz viel bessere Dienste thut.

Vom Gelben aus den Creuzbeeren, (Grains d'Avignon.)

Mit dieser unzeitigen Frucht werden Wolle, Tücher und Zeuge, eben so wenig gelb gefärbt, als mit der Curcume; man bedient sich derselben hie und da noch zur Scharlachfarbe, anstatt der Curcume. Da nun bekanntermaßen aus den Creuzbeeren das sogenannte Saftgrün verfertiget wird, welches man zum Einmahlen der Zitze und andern feinen Mahlerarbeiten braucht, so bedarf es wohl keines weitern Beweises, daß die natürliche gelbe Farbe, die man aus den Creuzbeeren auf Wolle erhält, ein Schwefelgelb sey, welches einen grünlichen Schimmer hat;

und eben wegen dieser Verwandschaft mit der grünen Farbe, könnte ich niemals anrathen, sich derselben zum Orangiren der Scharlache zu bedienen. Wollte man aber sich der Creuzbeere, in Ermangelung des Wau, zu Schwefelgelb bedienen, so würde das nämliche Verfahren, wie bey letzterm durch das Ansieden der Waare mit Alaun und Weinstein beobachtet. Die Beere werden zuvor gestoßen, und in einem Sack im Kessel gut ausgekocht, ehe man die gesottene und gut ausgespühlte Waare in das Färbebad bringet. Da aber die Creuzbeere so wenig reichhaltig an Farbe sind, und das indianische Gelbholz nebst dem Wau schönere Schwefelgelbe Farben liefern, als Erstere, so sind solche zum Färbereygebrauch auf wollene Waaren gar nicht anzurathen; hingegen leisten sie bey den Zitz- und Kattundruckereyen zum Einmahlen desto bessere Dienste.

So löblich es in allem Betracht ist, daß sich seit einigen Jahren mehrere Herren Gelehrte und Chymisten mit Untersuchung der bey uns einheimischen Pflanzen zum Färbereygebrauch abgeben, eben so ruhmwürdig würde es seyn, wenn sich einige der Mühe unterzögen, durch anzustellende Versuche, Mittel ausfindig zu machen, wie von den bereits bekannten Farbmaterialien die Farben am wohlfeilsten, schönsten und dauerhaftesten erhalten werden könnten; hierdurch würde der Färberey ein wesentlicher Dienst geschehen. Sollte dieser praktische Unterricht, welcher die Färberey nach der jetzt bekannten wohlfeilsten und besten Methode, an die Hand giebt, einige Herren Gelehrte veranlassen, die Ihnen wissentlichen Verbesserungen ebenfalls bekannt zu machen, so würde mich der bloße Gedanke, der Urheber von einem so löblichen und gemeinnützigen Unternehmen gewesen zu seyn, für meine Mühe hinlänglich belohnen.

Von den braunen Farben.

Dunkelbraun aus dem gemahlenen Sandelholze.

Die braune Farbe, als eine von den fünf Hauptfarben betrachtet, ist zu damaliger Zeit,

Zeit, als Herr Hellot seine Färbekunst dem Publiko mittheilte, aus dem Sandelholze, Sumack, rothen Weinstein, und dem gemeinen Eisenvitriol gefärbt worden. Heutiges Tags ist diese Farbe zwar wohl noch in vielen Färbereyen bekannt, sie wird aber in einigen nur noch selten gefärbt. Theils weil sie nicht so lebhaft und glänzend als die braunen Farben, die mit dem Roth- und Blauholze gemacht werden, ausfällt, zum Theil auch, weil der Sandel die Eigenschaft hat, daß er die Wolle etwas hart und spröde macht, wodurch Tücher und Zeuge sich nicht so schön und glänzend zurichten lassen, als wenn sie mit andern Zuthaten wären gefärbt worden. Ich werde indessen beyde Arten zu verfertigen anzeigen, nebst noch einigen andern sehr schönen und festen braunen Farben, die zuvor einen blauen Grund aus der Küpe erhalten haben, dann mit Krapp oder Färberröthe, Gelbholz, Galläpfeln, und gemeinen Vitriol in braun gefärbt werden; ich mache daher mit der dunkelbraunen Farbe aus dem Sandelholze den Anfang.

Man darf die Tücher oder Zeuge, welche in dieser Farbe gefärbt werden sollen, durch keinen Sud von Alaun und Weinstein vorbereiten, sondern man macht solche zuvor in heißem Wasser nur recht naß, damit sie die Farbe überall gleich annehmen. Nach dem Netzen bringt man die Waare auf die Winde, und bereitet in dem nämlichen Kessel, worinn man die Waare naß gemacht hat, das Bad folgendergestalt zu: Zu 4 Stücken Tuch, welche 96 Pfund wägen, schüttet man 20 Pfund Sandel, welcher sehr fein gemahlen seyn muß, 24 Pfund Sumack, und 4 Pfund rothen Weinstein in den Kessel, alles dieses zusammen läßt man eine Viertelstunde lang kochen, worauf durch Zugiessung etwas kalten Wassers, das Kochen in etwas gedämpft, und die Waare hinein gebracht wird. In diesem Bade bewegt man die Tücher eine halbe Stunde lang hin und wieder, und verstärkt unter dieser Zeit das Feuer sehr, damit nach Ablauf einer halben Stunde, wenn man die Waare ruhig liegen lässet, der Kessel sogleich zu kochen anfängt, und ein und eine halbe Stunde ununterbrochen fortkocht, unter wel-

welcher Zeit man die Tücher alle Viertelstunden einmal umwendet, damit sie nicht fleckigt werden. Nach vollendetem Kochen werden die Tücher aus dem Kessel genommen, von der Winde auf eine Tragbahre gebracht, und über einem Schragen etliche mal gelüftet, indem man sie an beyden Enden zwischen die Hände durchziehet, und auf den Schragen schlägt. Nach dieser Verrichtung wird das Feuer bis auf die glühenden Kohlen unter dem Kessel weggenommen, und der dritte Theil von der Farbbrühe weggeschüttet; das Leere des Kessels wird mit kaltem Wasser ersetzt, und man löset in einem besondern Geschirr 12 Pfund gemeinen Eisenvitriol (welcher insgemein Kupferwasser genannt wird) auf, wovon man das Klare in den Kessel schüttet, und mit einer Krücke alles wohl unter einander menget. Die Tücher werden wieder in den Kessel gebracht, und eine Stunde lang darinn hin und wieder bewegt; nach dieser Zeit siehet man darnach, ob sie dunkel genug von Farbe sind, oder nicht. Im letztern Falle bringt man sie aus dem Kessel, und lüftet solche etliche mal, wie gewöhnlich,

über

über einem Schragen, und man löset noch etwa die Hälfte oder den vierten Theil so viel grünen Eisenvitriol auf, um solchen in das Bad zu schütten, in welches man die Tücher nochmals bringt, und solche darinn so lange hin und wieder bewegt, bis sie dunkel genug an Farbe sind. Will man indessen das Verfahren des Dunkelmachens mit dem Vitriol beschleunigen, so darf man nur nach einer Viertelstunde, wenn man die Tücher in das Vitriolbad gebracht hat, aufs neue etwas Feuer unter dem Kessel machen lassen, damit der Kessel ziemlich heiß wird, aber kochen darf er nicht, weil der Eisenvitriol in kochender Hitze die Wolle zu sehr angreift, hart und spröde macht, daß die Tücher bey der Zurichtung nicht nur keinen rechten Glanz erhalten, sondern sie verlieren auch an der Haltbarkeit, und zerreißen viel eher als andere, die mit weniger schädlichen Zuthaten sind gefärbt worden. Man könnte auch das Ausleeren vom dritten Theil der Farbe ersparen, wenn man anfangs nur nicht zu viel Vitriol in die Brühe schüttete: denn wenn man bey dem Dunkelmachen der braunen Farben, die

Brühe

Brühe beynahe kochend heiß erhält, und thut zu viel Vitriol auf einmal in den Kessel, so setzet man sich der Gefahr aus, die Tücher fleckigt zu machen, weil sich der Vitriol bey starker Hitze sehr schnell anlegt; zudem sind Tücher, die einmal fleckigt gefärbt sind, nur mit vieler Mühe wieder zurechte zu bringen.

Diese dunkelbraunen Farben sind sehr feste, aber sie haben wenig Lebhaftigkeit, und hellere Schattirungen von dieser Farbe sind nicht sehr gewöhnlich, ausgenommen die verschiedenen Modefarben, welche man insgemein Leber- oder Rehfarben nennet; diese werden gewöhnlich mit Sandel gefärbt, und erhalten sich wegen ihrer Festigkeit hie und da noch in der Mode. Die Art, wie man diese Modefarben aus dem Sandel färbt, ist sehr leichte, und darf man nur in den Zuthaten genugsam abbrechen. Auf 1 Stück Tuch, welches 24 Pfund wägt, nimmt man zum Beyspiel ¾ Pfund Sandel, und 1 Pfund Sumack, dieses läßt man gewöhnlich aufkochen, und verfährt übrigens vollkommen so, wie bey obiger dunkelbraunen Farbe vorgeschrieschrieben worden, nur daß man das Tuch etwa eine Stunde lang kochen läßt, und dann in dem nämlichen Bade, wenn man es zuvor mit kaltem Wasser abgekühlt hat, mit gemeinem Vitriol abdunkelt. Auf ähnliche Art, lassen sich, mit mehr, oder wenigerm Sandel und Sumack, auch mit Zusetzung von etwas weniger Färberröthe und indianischem Gelbholze, sehr verschiedene Modefarben machen, die alle sehr dauerhaft sind, und um hierinn nach den vorliegenden Mustern zu färben, darf man nur eine öftere Uebung haben, und eine gute Beurtheilungskraft besitzen.

Dunkelbraun aus dem Roth- und Blauholze.

Diese Farbe, welche viel lebhafter als die vorhergehende aus dem Sandel ist, findet seit einigen Jahren großen Beyfall, besonders wird solche auf Zeuge sehr oft gefärbt. Die Bearbeitung hierbey ist sehr leichte, und darf man die Zeuge nur im Sude vollkommen

men so vorbereiten, wie bey der Pompadour-rothen Farbe ist gezeigt worden, nämlich zu 100 Pfund Waare 20 Pfund Alaun und 3 Pfund rothen Weinstein. Das Färben auf dem Rothkessel geschiehet eben so, nur daß man die Farbe etwas dunkler macht, als wenn man Pompadourroth färben will. Nach vollendetem Rothfärben wird in einem besondern Kessel ein neues Bad folgendergestalt zubereitet: Man füllet einen kupfernen Kessel, welcher groß genug ist, daß er 15 Stücke klarfadene Barkane fasset, wovon jedes Stück beyläufig 6½ Pfund wägt, mit reinem Wasser bis auf ½ Elle vom Rande an, und schüttet auf jedes Stück Zeug ein sogenanntes Handschäffel voll (ohngefähr 8 Maas) Blauholzbrühe hinein, auch wirft man 3¾ Pfund fein gestoßene Galläpfel darein, nämlich auf jedes Stück ¼ Pfund, und wenn der Kessel anfängt lauh warm zu werden, bringt man die Zeuge hinein; man läßt solche anfangs sehr langsam hin und wieder bewegen, und das Feuer wird immerzu verstärkt, bis der Kessel kocht. Die Zeuge dürfen nur eine Viertelstunde lang kochen, so werden sie auf

die

die Winde gebracht, das Feuer unter dem Kessel weggenommen, und die Farbbrühe zur Hälfte weggeschüttet, das was ausgeleeret worden, wird mit kaltem Wasser ersetzt, und man löset 2 Pfund gemeinen Eisenvitriol im Wasser auf, schüttet das Klare davon in den Kessel, rührt alles gut unter einander, und bringt die Zeuge hinein, welche ohngefähr 1½ Stunde lang hin und wieder handthieret werden, bis sie dunkel genug sind. Diese braunen Farben, welche viel schöner als jene aus dem Sandel ausfallen, erhalten durch die zusammenziehende Kraft der Galläpfel und des Vitriols, zugleich eine Festigkeit, daß sie den Sandelbraunen Farben sehr wenig nachgeben, und selbst die hellern Farben auf diese Art gemacht, verhalten sich sehr dauerhaft. Einige Färber nehmen auf jedes Stück Zeug bisweilen auch ¼ Pfund oder noch mehr Röthe, nebst dem angezeigten Blauholz und Galläpfeln, in den Kessel, um diese braunen Farben theils noch fester, theils auch noch dunkler zu machen. Indessen kann ich versichern, daß solche auch ohne Färberröthe feste genug werden; und wenn der rothe Grund

auf

auf dem Rothkessel satt genug gemacht wird, so kann man die Farbe immer dunkel genug machen, ohne zu viel Vitriol darzu nehmen zu dürfen, und sie mit Letzterm etwas matt zu machen, welches allemal erfolgt, wenn man zu viel Vitriol darzu nimmt.

Hellbraun aus dem Roth- und Blauholz.

Man verfährt hierbey mit dem Ansott und Rothfärben eben so, wie bey den vorhergehenden dunkelbraunen Farben. Das Braunfärben geschiehet auf einem besondern Kessel, wie bey vorstehenden, nur daß die Galläpfel dabey weggelassen werden. Man kann auch die Blauholzbrühe nach Beschaffenheit der Schattirung, welche man färben will, vermindern oder vermehren. Nach dem Braunfärben mit dem Blauholze, werden diese Farben öfters mit etwas weniger aufgelöster Potasche dunkler gemacht, welches auf dem nämlichen Kessel geschehen kann, nur muß man das Bad mit kaltem Wasser zuvor merklich abkühlen, sonst würde die Waare zu geschwinde dunkel, und dabey sehr ungleich und fleckigt gefärbt werden. Vermittelst dieser aufgelösten Potasche, werden diese hellbraunen Farben nicht nur etwas dunkler, sondern auch viel lebhafter gemacht, so, daß diese unächte braune Farbe, alle festen braunen Farben, die mit dem blauen Grunde aus der Küpe der Cochenille und Krapp oder Färberröthe, braun sind gefärbt worden, an Schönheit übertrift; allein der lebhafte Glanz, welchen man diesen lichtbraunen Farben mit der Potasche gegeben hat, verliert sich sehr bald an der Luft.

Von der schwarzen Farbe.

Schwarz aus dem Salzburger Vitriol und Blauholz.

Es wird beynahe ein jeder Färber ein anderes Recept zu seiner schwarzen Farbe haben,

ben, und ein jeder wird sich einbilden, das beste zu besitzen. Indessen beruhet der glückliche Erfolg mehrentheils in der Wahl des Vitriols und des Blauholzes, auf welche beyde Materialien beym Schwarzfärben das meiste ankommt. In Färbereyen, wo man das sogenannte Kastorschwarz färbt, bedient man sich des sogenannten Salzburger Vitriols, welcher von den Kaufleuten Prennthaller Vitriol genannt wird, und ich muß gestehen, daß unter allen Gattungen Vitriole, die mir zur Untersuchung vorgekommen sind, der gedachte Salzburger immer die besten Dienste beym Schwarzfärben geleistet hat. Nach dem Salzburger würde ich den vom Stift Admont wählen, welcher immer noch sehr gute Dienste thut, wenn man den 5ten Theil mehr, als vom Salzburger nimmt; es ist Schade, daß letzterer nicht in genugsamer Menge zu haben ist. In Ermangelung gedachter beyden Gattungen, würde ich von den Mittelsorten den sogenannten Doppeladlervitriol, welcher zu Hof im Voigtlande fabrizirt wird, zum Gebrauch anrathen, von diesem muß man aber noch einmal so viel, als vom Salzburger nehmen. Weinstein gebraucht man zur schwarzen Farbe gemeiniglich den schlechtesten rothen Croatischen, Fluß- oder sogenannten Landweinstein; viele Färber, die mit möglichster Ersparung arbeiten, lassen den gemeinen Landweinstein, welcher gewöhnlich in sehr kleinen Stücken ist, so, wie sie ihn erhalten, durch ein Sieb laufen, dasjenige so durchfällt, nehmen sie zu Schwarz, Braun, Bleyfarb und andern Farben, welche keinen sonderlichen lebhaften Glanz erfordern; die im Sieb zurück gebliebenen Stücke lassen sie dann erst mahlen, und verwenden den gemahlenen Weinstein, als den feinen, zu glänzendern Farben, und dieser thut, mit Ausnahme der Cochenillefarben, meistentheils die nämlichen Dienste, als der sogenannte Tartaro di Bologna, (Bologneserweinstein) welcher in großen Stücken ist, und die schönsten Crystallen hat. Letzterer ist gewöhnlich um $\frac{2}{3}$ theurer, als der gemeine Landweinstein.

Das Blauholz, welches in der Handlung Campecheholz genannt wird, muß von der äußern Rinde befreyet, (geschält), sehr

schwer,

schwer, doch dabey trocken, geschmeidig, ohne viele Aeste, in großen Stücken, und von dunkelbrauner Farbe seyn, wenn man eine schöne schwarze Farbe davon erhalten will. Zum schwarzen würde ich das gemahlene (wenn man es selbst mahlen kann) dem geraspelten und gehobelten vorziehen, weil es viel ausgiebiger ist, als Letzteres. Zu braunen und andern Farben hingegen, würde ich mich keines andern, als des gehobelten bedienen, weil man eine viel reinere Farbbrühe, und glänzendere Farben hiervon erhält, als vom gemahlenen.

Das Verfahren zu einer sehr schönen, und dabey wohlfeilen schwarzen Farbe, besteht in Folgenden: Zu einer Parthie Waare, welche 200 Pfund wägt, schüttet man 20 Pfund Salzburger Vitriol und 12 Pfund rothen Weinstein in den Kessel, dieses zusammen läßt man eine Viertelstunde lang kochen, damit der Vitriol und Weinstein zerschmelzt, ehe man die Waare hinein bringt. Wenn man mit einer Krücke in dem Kessel untersucht, und findet, daß alles zerschmolzen ist, läßt man die Waare hinein drehen, und eine halbe Stunde lang hin und wieder bewegen, während welcher Zeit man das Feuer sehr verstärkt, daß der Kessel nach einer halben Stunde, wenn man die Waare ruhig liegen läßt, sich zum Kochen anschickt. Zwo Stunden läßt man die Zeuge sehr stark kochen, und wendet solche in dieser Zeit alle halbe Stunden einmal um. Nach diesem zweystündigen Kochen wird die Waare herausgenommen, und auf einem Schragen zweymal gelüftet. Der Kessel wird ausgeleeret, und mit reinem Wasser gefüllet. Hierauf thut man in einem Sack von grober Leinwand, 40 Pfund gemahlenes, geraspeltes oder gehobeltes Blauholz, und wirft solchen in den Kessel. Gemeiniglich geschiehet es, daß in Färbereyen die Kessel, welche den Tag hindurch sind gebraucht worden, gegen Abend mit reinem Wasser gefüllet werden, in diesem Falle läßt man das Feuer von jenen Kesseln, woraus zuletzt gefärbt worden, unter den Schwarzkessel bringen, damit solcher die Nacht über sich erwärmt, und das Blauholz sich desto besser erweichen kann, damit es des andern Tags

die

die Farbe desto geschwinder von sich giebt, und man nicht nöthig hat, solches länger als eine Stunde kochen zu lassen, um eine Blauholzbrühe zu erhalten, welche stark genug ist, eine schöne, satt gefärbte schwarze Farbe auf die angesottene Waare zu erhalten.

In gut eingerichteten Färbereyen, wo man von den Farbhelfern zu Nacht allezeit einen oder zween, zur Obsicht über die Feuerstellen, in der Färberey anwesend behält, geschiehet es gemeiniglich, daß diese wachthabenden Helfer, zwo, auch drey Stunden vor angehender Arbeit, die nöthigen Kessel heizen müssen, damit solche bey angehenden Arbeitsstunden, gleich können in Thätigkeit gebracht werden. Wenn nun das in dem Schwarzkessel befindliche Blauholz eine Stunde lang stark gekocht hat, so hebt man den Sack heraus auf eine Tragbahre, die quer über dem Kessel liegt, damit er gut abtröpfelt. Wenn dieses geschehen, füllet man den Kessel, um so viel als er sich währendem Kochen ausgedünstet hat, wieder mit kaltem Wasser an, und drehet die nach obiger Vorschrift gesottene Waare hinein, welche eine halbe Stunde lang hin und wieder handthiert wird, ehe man sie ruhig liegen und kochen läßt. In dieser Blauholzbrühe müssen die Zeuge von neuem 2 Stunden lang kochen, und alle halbe Stunden einmal über die Winde getrieben werden, wenn sie eine glänzend schöne und feste schwarze Farbe erhalten sollen, die sie auch gewiß erhalten, wenn man das Blauholz sowohl, als die Waare, nach gegebener Vorschrift genug hat kochen lassen. Die Zeuge werden hierauf aus dem Kessel heraus genommen, über einem Schragen gelüftet, und in fliessendem Wasser ausgespühlt. Schon bey dem Ausspühlen dieser schwarzen Waare wird man bemerken, daß die Farbe nicht nur sehr feste ist, sondern auch, daß sie die Wäsche nicht anschwärzt, weil man im Ausspühlen nicht wahrnimmt, daß etwas von der schwarzen Farbe weggehet, sondern das Wasser wird von den ausgespühlten Zeugen ganz klar und helle ablaufen; noch weniger wird man bemerken, daß ein nach vorstehender Anleitung schwarz gefärbter Zeug, im Tragen die Wäsche anschwärzt, und dieses ist meines

Er-

Erachtens ein wahres Kennzeichen von der Aechtheit einer schwarzen Farbe.

Es giebt indessen einige Färber, welche ihre Tücher oder Zeuge, ohngefähr nach obiger Vorschrift schwarz färben, nur daß ein und andere etwas von ausgekochter indianischen Gelbholzbrühe, auch einige Pfunde geringen Krapp, entweder zum Sude, oder zum Färben, unter die Blauholzbrühe nehmen, wodurch sie, nach ihrer Art zu reden, ein dickeres Schwarz erhalten; allein man wird zugleich bemerken, daß eine auf diese Art verfertigte schwarze Farbe, entweder einen etwas in das braune fallenden oder röthlichen Schimmer hat; diesen Fehler wollen sie nach vollendetem Färben damit gut machen, daß sie entweder auf einen besondern Kessel, oder auch gleich auf der zurück gebliebenen Blauholzbrühe, 15 bis 20 Pfund Potasche auflösen, und die schwarz gefärbten Zeuge, ehe sie ausgespühlt werden, in diesem Potaschenbade eine Stunde lang, etwas mehr als lauh warm handthieren lassen. Auf diese Weise erhält man freylich eine sehr schöne

 schwarze

schwarze Farbe, welche die Wäsche eben so wenig als Erstere beschmuzt; allein das letztere Verfahren kostet zum Theil etwas mehr an Farbmaterialien, theils erfordert es mehr Zeit und Mühe. Indessen habe ich letztere Methode doch anführen wollen, um nichts wegzulassen, was hierher gehört, damit ein jeder sich das Beste wählen könne.

In des Herrn Hellots Färbekunst findet man eine Vorschrift zur ächten Schwarzfärberey, welche vielleicht das allerdauerhafteste Schwarz liefert; allein wer dabey in Erwägung ziehet, daß die Tücher vorhero in der Waydküpe mit einem dunkelblauen Grunde, und nach diesem mit der Röthe Braun gefärbt werden müssen, ehe sie vollends mit dem Sumak, Blauholze und grünen Vitriol auf schwarz gefärbt werden, der wird leicht erachten, daß ein auf diese Art schwarz gefärbtes Stücke Tuch, durch die Farbe merklich vertheuert wird, und daß wohlfeile Tücher oder Zeuge keine so theure schwarze Farbe ertragen können.

Einen sehr nützlichen Umstand für die Färber muß ich hier bey der schwarzen Farbe noch anmerken, daß man nämlich die ausgefärbte Blauholzbrühe, worinnen man die Zeuge nach gegebener Anleitung schwarz gefärbt hat, noch zu mancherley Aschengrauen- und andern hellern Modefarben gebrauchen könne. In Zeugfabriken, wo man vielerley silberfärbige und andere graue Modefarben zu machen hat, läßt man gemeiniglich von der nach vollendetem Schwarzfärben zurück gebliebenen Brühe, so viel in ein besonderes hölzernes Geschirr thun, als man glaubt bis zum nächsten Schwarzfärben nöthig zu haben, und die noch im Kessel übrig bleibende wird zu einer nachfolgenden Parthie Waare, welche schwarz gefärbt werden soll, folgendergestalt verwendet. Sobald die schwarz-gefärbte Waare aus dem Kessel gebracht worden, wirft man den Sack mit gehobelten Blauholze, welcher schon eine Stunde lang vor dem Färben gekocht hat, wieder in den Kessel, und läßt ihn so lange darinn liegen, bis der Kessel zu einer zweyten Parthie Waare wieder erhitzt werden muß, (wenn man gleich dar-

darnach, oder in wenigen Tagen wieder zu schwarz sieden will; bey längerem Anstehen aber ist es besser, wenn der schon einmal ausgekochte Sack mit dem Blauholze, in einem trocknen und lüftigen Orte aufbewahrt wird, damit weder das Blauholz, noch der Sack verfaulet) bey welcher Gelegenheit man solchen wieder eine halbe Stunde kochen läßt, damit solcher noch alle in sich enthaltende Farbe von sich giebt, und dem Bade mittheilet, wodurch denn geschiehet, daß ein auf der ausgefärbten Brühe gemachter Ansott, schon eine dunkelaschengraue Farbe erhält, welche Farbe, als schwarzer Grund, sich in der Folge viel leichter, und mit wenigerm Blauholze, schwarz färben läßt, als wenn der Sud nur in einem mit reinem Wasser gefüllten Kessel wäre gemacht worden. Den Gebrauch der vom Schwarzfärben zurück gebliebenen und zur fernern Benutzung aufbewahrten Blauholzbrühe, werde ich unter dem Kapitel von den Silberfarben auf das genaueste anzeigen.

Schwarz aus der amerikanischen Frucht Dividivi.

Von der amerikanischen Frucht Dividivi, die bisher völlig unbekannt war, und nun zum Färben gebraucht wird. Aus dem Spanischen. Herr Professor Beckmann in Göttingen ersuchte mich (H. v. Murr) dem Publiko diese Nachricht zu verschaffen, die ich der Güte des Herrn Professor Capdevila zu Albainte zu danken habe. Vielleicht wird dieses wichtige Färberingredienz in Deutschland allgemein gebraucht werden, da es in Hamburg seit einigen Jahren bekannt ist. Die Holländer sollen schon damit handeln.

Dividivi ist eine Frucht aus der Provinz Caracas und Maracarbo, welche man statt der Galläpfel von Aleppo mit Vortheil bey schwarz und andern Farbenmischungen (Matices nuances) zur Färbung der Wolle, Seide, Garn und Baumwolle gebrauchen kann, bekannt gemacht auf Befehl des allgemeinen Handlungscollegii, von Don Juan

Pablo,

Pablo, Canalsoberaufseher der Handlung mit Färberröthe und Farbeningredienzen der spanischen Reiche, damit dieser neue Zweig des spanischen Commercii, der auch bereits mit Ausländern angefangen worden, desto mehr befördert werde.

Don Joseph von Oviedo y Baus, Einwohner zu St. Jago de Leon, in Caracas, schrieb eine Geschichte der Eroberung und Colonie von Venezunla, welche hier in Madrit 1723 gedruckt wurde. Auf der dritten Seite nennt er unter andern herrlichen Früchten und Holzgewächsen, so diese Provinz nebst den Passionsbäumen Caopas Ebenholz (Guagacanes) Bresilholz, Cacaranday, Cedeouche hervorbringet, die Dividivibäume (los dividives). Nach den Wahrnehmungen zu urtheilen, die man mit diesen, auf Befehl Sr. Majestät im Garten des Königl. Lustschlosses zu Aranjuez gesäeten Bäumen, und mit den Eigenschaften ihrer Früchte anstellte, ist dieser Dividivibaum eine Gattung des amerikanischen Schlehedorns (Acacia americana); er ist ziemlich groß und stachlicht;

sein

sein Holz ist schwarz und schwer wie Ebenholz, und seine Frucht und Schote hat in ihren Zellen vier linsenförmige Saamenkörner. Man weiß, daß die Eingebohrnen dieses Landes blos durch Mischung Wassers mit Thon und einigen Schoten des Dividivi, eine sehr dauerhafte schwarze Farbe hervorbringen. Vielleicht hat der Zufall die Indianer gelehrt, wie sie diese Frucht benutzen können, vielleicht fiel etwas in Wasserlachen, und sie bemerkten, daß sich das Wasser schwarz färbe; dieses kommt von ihrer anziehenden Eigenschaft, welche die mit dem Thone vermischten Eisentheilchen zu Boden treibt, so wie Galläpfel, das in Europa so bekannte Ingredienz zur schwarzen Farbe, ebenfalls das Eisen in Vitriol oder Kupferwasser präcipitiren. Diese Methode der Indianer hat den Weg zu folgenden Versuchen dem Dividivi gebahnet. Erstlich färbte man ein Stück weißes, mit Alaun gewalktes Tuch in einer Infusion der Frucht Dividivi, und diese gab eine schöne goldgelbe Farbe, vermischte man diese Infusion mit etwas Kupferwasser, so verwandelte sich die goldgelbe Farbe in Schwarz.

Nach-

Nachdem man ein anderes Stück Tuch hineinlegte, das einige Zeit darinn gesotten hatte, nebst den gehörigen Ingredienzen, kam es kohlschwarz heraus, und glänzte wie Agtstein. Der Zeug oder das Gewebe des Tuches (et tegido) war sanft anzufühlen, weil man sehr wenig Kupferwasser zur Infusion gemischt hatte, denn es zerfrißt es sonst. Man muß es daher sehr behutsam gebrauchen, und so wenig nehmen als möglich, ihn auch mit Lasur, Färberröthe, Campescheholz u. d. gl. seine Schärfe mildern. Die schwarze Farbe hatte die Farbe so durchdrungen, daß sie weder durch Sieden, noch durch Scheidewasser, nicht im mindesten ihre Schwärze verlor. Da man nun von der Güte der Dividivifrucht zum Schwarzfärben und Mischung dieser Farbe hinlänglich überzeugt wurde, machte man auch mit andern Farben Versuche auf Seide, Garn und Baumwolle, und nahm Dividivi anstatt Gallápfel mit Kupferwasser vermischt; man fand, daß die goldgelbe Farbe noch schöner dadurch erhalten wird. Man mischte es zur Cochenille und Karmosinbeeren, und nahm wahr, daß die

die goldgelbe Seide, entweder wegen größerer Schärfe, oder weil die Farbe lebhafter ist, noch höher, und Orangefarb werde, weil die Lasurfarbe, so das Violette hervorbrachte, völlig verschwindet. Aus diesen Versuchen erhellet der Nutzen dieser Frucht im Färben, denn sie vertritt mit Vortheil die Stelle der Galläpfel bey Kramoisifarben und ihren Mischungen, auch wird sie bey Scharlachfarben der Wolle und wollenen Zeuge viel dienlicher seyn als Gilbwurz, welche aus Orient kommt, und deren sich einige Färber bedienen, man hält aber dieses Ingredienz für schlechte Farbe. Geschickte Färber können nach diesen Maasregeln andere neue und nützlichere Entdeckungen und Verbindungen hervorbringen, wenn sie das Dividivi zu einigen Mischungen als ein adstringirendes Alkali, und zu andern als ein färbendes Acidum gebrauchen; dadurch werden viele Farben und andere Manufakturwaaren, welche Galläpfel erfordern, zu besserer Vollkommenheit gebracht werden können, und das, was wir nicht brauchen können, (wie bereits schon der Anfang gemacht ist) den Ausländern überlassen. Madrid den 6. May 1768.

Don Juan Pablo Clanas. Das Dividivi wird zu Madrid in dem Cacaomagazin der Königl. Quipuzcoischen Handlungsgesellschaft von Caracas, und in Cadix, St. Sebastian, Corunna und Alicante verkauft; man hat es bereits in der Zeitung vom 12. Jenner dieses Jahres dem Publiko bekannt gemacht. Das Kupferwasser, oder der grüne Vitriol, den man gemeiniglich zu schwarzen Farben und zur Dinte nimmt, ist ein metallisches, salinisches Mineral, das aus Wasser von Schwefelsäure und Erde, auch metallischen Theilchen bestehet, welche Eisenartig, und durch die Elaboration mit einander völlig verbunden sind; diese Eisentheilchen sind es eben, welche durch die Galläpfel präcipitirt werden, und die schwarze Farbe hervorbringen, dieses zeiget die Erfahrung, wenn man Galläpfel ohne Vitriol, blos mit Eisenfeilig vermischet, so erhält man eben diese Farbe, so bald es aufgelöset ist; weil das Kupferwasser ein durch ein Acidum aufgelöstes Eisen ist, und die Galläpfel ein Alcali, das sich mit der Säure vereinigt, so sondert sich das Eisen ab, und erscheinet in seiner natürlichen Schwärze, und

dieses

dieses ist der unsichtbare Mechanismus der Dinte, daher kommt es auch, daß von den 5 Vitriolgattungen, die sogenannte Cyprische oder Hungarische, diejenige ist, die nicht färbt, weil seine Basis Kupfer ist, dahingegen die andern Eisen zur Basis haben.

So weit geht die von einem schätzbaren Freunde mir eingesandte Nachricht über die schwarze Farbe aus der Dividivifrucht. Ob ich mir schon es zum Gesetz gemacht habe, hier nichts niederzuschreiben, als was ich selbst untersucht und praktisch ausgeübt habe, so erlaubte ich mir aus der einzigen Ursache von meinem Vorsatze abzuweichen, weil allem Anschein nach, die gedachte Dividivifrucht, in der Handlung gar bald allgemein bekannt werden wird, in welchem Falle es jedem Fabrikanten und Färber sehr angenehm seyn wird, wenn er weiß, wie, und mit welcher Vorsicht, diese Frucht zur schwarzen Farbe anzuwenden ist.

Schlecht Schwarz aus dem Sumak, Knoppern, Blauholz und grünen Vitriol.

Diese Art schwarz zu färben führe ich nur deswegen an, damit man in solchen Gegenden, wo diese Zuthaten sehr wohlfeil zu haben sind, sich derselben zu sehr geringen Zeugen bedienen könne. Indessen muß ich bekennen, daß diese schwarze Farbe von gar keiner Dauer ist, und daß Zeuge, nach dieser Art gefärbt, an der Luft und Sonne sehr bald abschiessen, und nur einen dunkelgrauen Grund behalten. Das Verfahren bey dieser Farbe besteht im Folgenden:

Zu 100 Pfund Waare nimmt man in einen Kessel, welcher groß genug ist, 10 Pfund Sumak, 10 Pfund gemahlene Knoppern, und 10 Pfund Blauholz, dieses zusammen läßt man eine Stunde tüchtig kochen, worauf der Sack mit den Blauholzspähnen herausgenommen, etwas kaltes Wasser zugefüllet, und die Waare hinein gebracht wird, welche man

man eine halbe Stunde lang hin und wieder handthieren und darnach 1½ Stunde lang stark kochen läßt; man bringt die Waare alsdenn aus dem Kessel, lüftet solche, und löset 10 Pfund grünen Vitriol im nämlichen Bade auf. Die Waare wird vom neuen in den Kessel gebracht, und eine Stunde lang beständig hin und wieder bewegt, worauf solche wieder auf die Winde getrieben, und noch 10 Pfund Vitriol in den Kessel gethan wird; ist dieser aufgelöset, so wird die Waare nochmals von der Winde in den Kessel getrieben, und noch eine Stunde lang sehr heiß handthieret, so wird man eine ziemlich schöne schwarze Farbe erhalten, die aber gar keine Festigkeit hat, und in sehr kurzer Zeit abschiesset.

Von denen Farben, die aus der Vermischung von Blau und Gelb entstehen.

Von den Küpengrünen Farben.

Da die grüne Farbe bekanntermaßen keine einfache Farbe mehr ist, sondern aus der

Vermischung von blau und gelb entstehet, so werde ich mit dieser, als einer der schönsten und in der Färberey gangbaresten, den Anfang machen, und in der Folge alle die in der Färberey bekannten Farben, welche aus der Vermischung der 5 Hauptfarben entstehen, anzeigen. Es wird einem jeden Färber sehr einleuchtend seyn, daß man zu einer ganz beständigen und vollkommen schönen grünen Farbe, auch die schönste und festeste Blaue und Gelbe wählen müsse. Wer nun beyde Farben, nämlich die Blaue und Gelbe nach gegebener Anleitung recht schön verfertiget, der wird gewiß die schönsten grünen Farben zu machen im Stande seyn. Indessen kann ich hier nicht unangemerkt lassen, daß die grünen Farben, welche man mit dem Blauen aus der Waydküpe macht, gemeiniglich nicht so lebhaft ausfallen als die bekannten Sächsischgrünen Farben aus der Indigtinktur, hingegen erhalten Erstere alle nur mögliche Festigkeit, und Letztere sind sehr unbeständig. Ich habe dahero auf ein Mittel gedacht, die grünen Farben mit dem Blauen der Waydküpe, nicht nur feste, sondern auch so lebhaft als beynahe die Sächsischgrünen zu machen, und es ist mir auf nachstehende Weise so ziemlich gelungen. Bekanntermaßen sind die blauen Farben aus der Waydküpe niemals so lebhaft und glänzend, als die Sächsischblauen, und dieses ist schon eine Ursache, warum die Küpengrünen Farben nicht so lebhaft ausfallen, als die Sächsischgrünen; man muß dahero ein Mittel ausfindig zu machen suchen, die Küpenblauen Farben lebhafter als gewöhnlich zu machen, und es ist nicht so schwer, als vielleicht einige glauben. Dieses zu bewerkstelligen, darf man nur eine kleine kupferne Küpe, worinnen 1 Stück Tuch bequem handthiert werden kann, mit so wenig als möglich, Wayd ansetzen, etwa mit 20 höchstens 25 Pfunden, und anstatt des gemeinen Indigo Courrassao oder St. Dominico, nehme man den feinsten von Guatimalo, aber nur etwa die Hälfte so viel vom Letztern als vom Erstern, und färbe etliche Stücke Tuch dunkelblau aus der Küpe, und dann die hellen kornblauen Farben, welche man zu grün bestimmt. Auf diese Weise wird man gewiß sehr schöne blaue Farben erhalten, die in der Folge das lebhafteste Grün geben. Diese Küpenblauen Farben lassen sich noch um etwas lebhafter machen, wenn man sie aus der Küpe weg in fliessendem Wasser ausspühlet, und darnach in einem kleinen Kessel, worinnen 1 bis 1½ Pfund Potasche aufgelöset ist, eine halbe Stunde lang lauh warm handthieret, und dann nochmals in fliessendem Wasser rein ausspühlet. Hierdurch erhalten die Tücher aufs neue wieder einige Lebhaftigkeit, und können sogleich mit Alaun und Weinstein auf einem zinnernen Kessel gesotten werden. Zu einem Stück Tuch, welches 24 Pfunde wägt, würde ich 5 Pfund Alaun, und ½ Pfund Cremor Tartari nehmen, dasselbe eine Stunde lang darinn sieden lassen, und darauf das Tuch auf die Winde bringen und lüften lassen. Man könnte nun gleich das indianische Holz in den Kessel bringen, um das Tuch grün zu färben; allein es wird einem jeden Färber bekannt seyn, daß sich die gelbe Farbe des indianischen Holzes nicht gerne mit dem Blauen aus der Waydküpe vereiniget, man hat dahero ein Mittel ausfindig gemacht, diese Vereinigung auf das innigste zu befördern,

und

und den Glanz der Farbe zugleich zu erhöhen. Dieses Mittel ist die Indigtinktur aus dem Vitriolöl, wie solche bereits bey der Sächsischblauen Farbe ist beschrieben worden; von dieser darf man aber nicht zu viel nehmen, sonst würde die Farbe dadurch zu unhaltbar gemacht. Man thut dahero etwa zwo Hände voll Abfallwolle, die mit der Indigtinktur recht dunkelblau gefärbt, und nach der, bey der Sächsischblauen Farbe angezeigten Art gereiniget worden, in einen Sack, wirft solchen in den Kessel, worinnen das Tuch zuvor gesotten worden, läßt solchen so lange darinn kochen, bis das Bad hell Himmelblau gefärbt aussiehet, worauf man ihn heraus nimmt, etwas kaltes Wasser in den Kessel schüttet, und das Tuch hinein bringt, welches wieder eine halbe Stunde lang hin und wieder bewegt wird, und darnach ruhig liegen bleibt, damit der Kessel zu kochen anfangen kann. In diesem schwachen Sächsischblauen Bade läßt man das Tuch unter öfterm Umwenden 1 bis $1\frac{1}{2}$ Stunde kochen, damit es die Farbe überall gleich annimmt, und durch und durch färbt. Nach Verlauf von längstens ein und einer halben Stunde, bringt man das Tuch heraus, und lüftet es etliche mal über einem Schragen, und wirft einen Sack mit 6 Pfund indianischen Gelbholze in den Kessel, welcher vom neuen stark erhitzt wird, daß das Gelbholz gut auskochet, welches längstens eine Stunde dauret, worauf man den Sack mit dem Gelbholz herausnimmt, und so viel kaltes Wasser in den Kessel füllet, als sich während dem Kochen ausgedünstet hat. Das Tuch, welches nun eine so lebhafte und glänzende blaue Farbe erhalten hat, daß es wie das schönste satte Sächsischblaue aussiehet, wird vom neuen in den Kessel gebracht, und anfänglich sehr geschwinde, in der Folge aber etwas langsamer hin und wieder bewegt, damit die Farbe überall gleich anfallen könne. Der Kessel wird in starker Hitze erhalten, aber doch so, daß er nicht kocht. Nach einer halben Stunde nimmt man eine Probe vom Tuche, um zu sehen, ob es die verlangte Farbe hat, oder ob es noch zu sehr ins Blaue siehet; im letzten Falle, müßte man das Tuch auf die Winde bringen, und das Gelbholz etwa noch eine halbe Stunde lang kochen lassen, das

Tuch

Tuch nochmals in den Kessel nehmen, und so lange darinnen lassen, bis es die verlangte grüne Farbe hat. Da die Mode in allen Farben immer sehr veränderlich ist, und man bald grüne Farben verlangt, welche einen starken gelben, bald wieder andere, die einen starken blauen Schimmer haben, zudem auch das indianische Gelbholz öfters von ungleichem Gehalt an Farbe ist, so läßt sich das Gewicht des Letztern hierbey nicht auf das genaueste bestimmen, die Beurtheilung des Färbers muß dahero mit dem Gelbholze das rechte Verhältniß zu treffen wissen. Diese grünen Farben, wenn sie auf der Küpe die rechte Stärke des blauen Grundes erhalten haben, und nicht zu viel von der Indigtinktur dazu genommen wird, werden nicht nur sehr feste und dauerhaft, sondern auch sehr lebhaft und glänzend, daß sie den Sächsischblauen aus der Indigtinktur sehr wenig nachgeben. Vor der Erfindung der Sächsischblauen Farbe, hat man diese Küpengrünen Farben mit Schart oder Gilbkraut ordentlich gelb gefärbt, und darauf in der Waydküpe grün gemacht. Diese grünen Farben haben zwar alle mögli-

che

che Festigkeit erhalten, hingegen sind sie niemals recht lebhaft und glänzend ausgefallen, und haben sich mehr dem Kohlgrünen, als dem Sächsischgrünen genähert; daher werden auch diese dunkeln Küpengrünen Farben mit dem Schart und Gilbkraut nur noch sehr selten gemacht, weil man anjetzo mehrentheils nur solche Farben verlangt, die lebhaft sind, und dem Auge gefallen.

Stahlgrün (Verd Dragon) aus dem Blauen der Waydküpen und dem indianischen Gelbholze.

Ob diese Farbe schon sehr dunkel ist, und nicht viel Lebhaftigkeit hat, so wird sie seit einiger Zeit doch ziemlich stark gesucht, blos weil sie Mode ist, und dieser Bewegungsgrund allein, muß den Gebrauch dieser Farbe rechtfertigen. Indessen ist es aber auch wahrscheinlich, daß man dunkle Farben öfters nur darum andern hellern vorzieht, weil Erstere, wenn sie gleich unächt gefärbt sind, im

Tra-

Tragen doch nicht so bald einer Veränderung unterliegen, als Letztere, welche bisweilen in einigen Sommermonaten sich sehr unähnlich werden.

Das Färben bey dieser Stahlgrünen Farbe, ist mit dem vorstehenden Küpengrünen fast durchgehends einerley, nur daß man den blauen Grund aus der Küpe noch einmal so dunkel macht, (nämlich Kornblumenblau) als zu vorstehenden Küpengrünen, und daß man noch um die Hälfte mehr indianisches Gelbholz darzu nimmt; auch schüttet man etwas weniges von der mit Wasser verdünneten Sächsischblauen Indigtinktur in den Kessel, wenn das Gelbholz ausgekocht ist, um die Vereinigung der Küpenblauen Farbe mit dem indianischen Holz dadurch noch mehr zu befördern.

Die Stahlgrünen Farben lassen sich auch auf eine sehr leichte Art machen, wenn man die Tücher oder Zeuge mit Schart oder Gilbkraut zuvor recht dunkelgelb färbt, und nachher erst auf die Waydküpe bringt, um sie

grün

grün zu machen. Beyde vorstehende Bearbeitungen der Stahlgrünen Farben, erfordern ein zweymaliges Färben, und dieses ist in solchen Färbereyen, wo man in Menge zu färben hat, Bewegungsgrund genug, daß man auf Mittel denket, eine oder andere Farbe viel geschwinder zu machen, und dieses läßt sich bewerkstelligen, wenn man

Stahlgrün aus der Indigtinktur und dem indianischen Gelbholze

---

färbt. Die Waare wird hierzu erstlich auf einem geraumigen Kessel, in heißem Wasser genetzt; hierauf füllet man einen Sack mit 25 Pfund indianischen gehobelten Gelbholze, und wirft solchen in den Kessel, welcher eine Stunde stark kochen muß. Nach dieser Zeit wird der Sack mit dem Gelbholze aus dem Kessel gehoben, und dasjenige, was sich währendem Kochen von dem Bade ausgedünstet hat, mit kaltem Wasser zur Hälfte ersetzt; dann schüttet man zu 100 Pfund Waare, 15 Pfund

Pfund Alaun und 3 Pfund rothen Weinstein in den Kessel; dieses zusammen rühret man also gleich etliche Minuten lang wohl unter einander, damit sich von dem Alaun und Weinstein nichts am Boden des Kessels anlegt, und solcher desto geschwinder schmelzt; sobald man von dem in den Kessel geschütteten Sude nichts mehr empfindet, wenn man mit einer Krücke darinn umrühret, so werden noch 2 Pfund 11 Loth Indigo St. Dominico (welcher mit Vitriolöl gehörig aufgelöset und mit kaltem Wasser genugsam verdünnet ist) in den Kessel geschüttet, und rührt vom neuen wieder einige Minuten lang alles wohl unter einander, worauf die Waare auf das geschwindeste in den Kessel gebracht, und eine halbe Stunde lang sehr emsig über die Winde getrieben wird; nach diesem läßt man die Waare so lange ruhig liegen, bis sich der Kessel zum Kochen anschickt, und so läßt man die Waare unter 1½ stündigem Kochen von Zeit zu Zeit umwenden, damit sie die Farbe überall gleich annehme. Hat der Kessel gedachte Zeit stark genug gekocht, so darf man versichert seyn, daß die Waare genugsam durchgefärbt,

gefärbt, und gleichförmig genug sey, worauf solche herausgenommen, gelüftet und gespühlt wird. Diese Stahlgrünen Farben sind zwar nicht so fest und dauerhaft als die vorhergehenden, doch aber wegen ihrer Stärke immer viel dauerhafter als die hellen mit der Indigtinktur gefärbten grünen Farben; und da sie in der Verfertigung viel weniger Zeit erfordern als die vorhergehenden Stahlgrünen Farben mit dem blauen Grunde aus der Waydküpe, auch dabey viel schöner als letztere sind, so finde ich die mit der Indigtinktur und dem indianischen Gelbholze gefärbten Stahlgrünen Farben für einen Färber oder Fabrikanten am vortheilhaftesten.

Olivengrün.

Ist vor der beschriebenen Stahlgrünen einige Jahre die Lieblingsfarbe der Modeherren und Damen gewesen. Es giebt hiervon sehr mannigfältige Schattirungen, wovon aber auch gemeiniglich die beständigsten nicht die schönsten sind, nämlich diejenigen, die mit dem Blauen der Waydküpe gemacht werden. Indessen will ich die Art, solche zu verfertigen, doch hersetzen, um nichts wegzulassen, was einem oder dem andern zu wissen nützlich seyn möchte.

Tücher oder Zeuge, welche man ächt Olivengrün färben will, werden zuerst auf der Küpe hell oder dunkel Himmelblau gefärbt, nach Beschaffenheit des Musters, ob man solche licht oder dunkel haben will. Nach dem Blaufärben, spühlt man die Waare in fliessendem Wasser rein aus, und richtet einen Kessel zu, der groß genug ist, daß er 12 Stück Parcane, wovon jedes 7 Pfund wägt, fasset; wenn der Kessel anfängt heiß zu werden, schüttet man zu jedem Stück Zeug 1 Pfund, zusammen 12 Pfund Alaun, nebst $2\frac{1}{2}$ Pfund rothen Weinstein und $2\frac{1}{2}$ Pfund Sumak hinein; wenn dieses zergangen, bringt man die Waare in den Kessel, welche 1 Stunde sieden muß. Hierauf wird die Waare auf die Winde gebracht, und man wirft einen Sack mit 24 Pfund gehobelten indianischen Gelbholze in den Kessel, welches man 2 Stunden kochen lässet; währendem Kochen wird die Waare auf einem Schragen gelüftet, und das Gelbholz wird herausgenommen, wenn es 2 Stunden gekocht hat. Die Waare bringt man in dieses gelbe Bad, bewegt solche $\frac{1}{2}$ Stunde hin und wieder, worauf man sie $1\frac{1}{2}$ bis 2 Stunden, unter öftern Umwenden kochen lässet. Nach diesem bringt man die Zeuge wieder aus dem Kessel, welche wieder gelüftet werden. Das Feuer wird ganz unter dem Kessel weggenommen, oder mit Wasser abgedämpft, und der Kessel zur Hälfte ausgeleeret, welcher wieder mit kaltem Wasser angefüllet wird. Man löset hierauf in einem besondern Geschirr, $1\frac{1}{2}$ bis 2 Pfund grünen Eisenvitriol auf, schüttet die Auflösung in den Kessel, rührt alles wohl unter einander, und bringt die Waare vom neuen in den Kessel, welche man unter beständigem Umwenden so lange darinnen lässet, bis sie die verlangte Schattirung erhalten haben. Diese Olivengrüne Farbe ist sehr feste und beständig, ob sie schon nicht so lebhaft als die unächten Olivengrünen Farben ist. Man kann indessen

sen

sen ihren Glanz dadurch vermehren, wenn man den blauen Grund auf der Küpe ganz hellblau färbt, und zum gelben Bade etwas von der Sächsischblauen Indigtinktur nebst 1 bis 2 Pfund gemahlene Curcume darzu thut. Man hat noch verschiedene Arten um Olivengrün zu färben, wovon ich an seinem Orte das Nöthige sagen werde.

Sächsischgrün.

Diese Farbe ist unter allen grünen die, welche dem meisten Glanz hat, und wegen ihrer Schönheit seit ihrer Entstehung sich nicht nur in der Mode erhält, sondern immer noch beliebter macht. Indessen bin ich versichert, daß man diese Farbe nur in sehr wenig Färbereyen so schön lebhaft und glänzend färbt, als sie würklich gemacht werden kann, und wenn man die Ursachen davon untersuchen wollte, so würden solche darinn bestehen: daß man sich in manchen Färbereyen zu vielerley Künsteleyen bedient, und Sachen darzu nimmt, die entweder gar nichts nützen, und vielmehr der Farbe nachtheilig sind. Bey andern Färbereyen liegt aber der Fehler darinn, daß man folgenden Grundsatz entweder nicht genugsam kennet, oder doch sich nicht bemüht, solchen in Ausübung zu bringen, nämlich: daß man zu der schönsten grünen Farbe, die schönste Blaue und Gelbe wählen müsse. Wer nun zeithero seine grünen Farben nach dieser Regel verfertigt hat, dem werden sie gewiß schön und lebhaft ausgefallen seyn. Indessen kann ich doch versichern, daß unter allen inn- und ausländischen Sächsischgrünen Farbenmustern, deren mir doch sehr viele zu Handen gekommen sind, kein einziges zu finden gewesen ist, welches an Schönheit und lebhaften Glanze der nachfolgenden Sächsischgrünen Farbe gleich gekommen wäre, und es scheinet mir beynahe eine Unmöglichkeit zu seyn, daß man solche auf irgend eine andere Art lebhafter machen könne, als auf folgende:

Die Zeuge, Wolle oder Tücher, welche man Sächsischgrün färben will, werden vollkommen

kommen nach der zur Sächsischblauen Farbe gegebenen Vorschrift genetzt, in Alaun und Cremor Tartari gesotten, und in dem nämlichen Bade mit der dunkelblau gefärbten Wolle vollkommen schön und satt Sächsischblau gefärbt. In dieses nämliche Bad, worinnen man blau gefärbt hat, wirft man auf eine Parthie Zeuge, welche 100 Pfund wägt, einen Sack mit 15 Pfund gehobelten indianischen Gelbholze, welches man eine Stunde lang gut auskochen lässet. Unter währendem Kochen wird sich eine Menge gelber Schaum auf die Oberfläche des Bades erheben, welchen man mit einem Schaumlöffel von Zeit zu Zeit wegnimmt, damit sich solcher in der Folge nicht an die Waare anhängen, und sie fleckigt machen könne. Wenn das Gelbholz eine Stunde gekocht hat, und man urtheilet, daß das gelbe Bad stark genug an Farbe ist, so werden die Sächsischblau gefärbten Zeuge, welche man vorher über einem Schragen verkühlt hat, in den Kessel gebracht, und eine halbe Stunde lang sehr geschwinde hin und wieder bewegt, nach deren Verlauf nimmt man von dem Ende eines in der Mitte befindlichen Stückes, eine Probe ab, und siehet darnach, ob die grüne Farbe genugsamen gelben Schimmer hat, oder nicht; im erstern Falle nimmt man die Zeuge heraus, lüftet und spühlt solche, so sind sie fertig, im letztern Falle aber läßt man die Waare etwa noch eine Viertelstunde darinnen, bis sie die rechte Farbe erhalten hat. Sollte man aber wider Vermuthen bemerken, daß die Zeuge nach drey Viertelstündigem Handthieren noch nicht grün genug wären, welches sich nur alsdenn ereignen kann, wenn man indianisches Gelbholz erhält, welches vom Meerwasser ist benetzt worden, wodurch es viel von seiner Kraft verlieret; so müßte man etwa noch zwey bis drey Pfunde vom Letztern in den Sack thun, und so lange kochen lassen, bis man urtheilet, daß die Zeuge grün genug können gefärbt werden, worauf man letztere nochmals in das gelbe Bad bringen müßte, um die Waare zu derjenigen Schattirung zu bringen, welche man verlangt. Diese Sächsischgrünen Farben, wenn sie genau nach dieser Vorschrift gemacht werden, übertreffen alle andere Farben dieser Art, an Schönheit

und

und lebhaften Glanze; ich bin dahero versichert, daß, wer nur einmal dieses Verfahren nachgeahmt hat, gewiß niemals mehr davon abweichen werde.

Nach der jetzigen Mode werden in Sommerzeugen, als: Kamelotten, Perkanen und Tamisen sehr viele Seladon-Apfel- und Pappelgrüne Farben verlangt, welche sich wegen ihrer Schönheit seit einigen Jahren in der Mode erhalten.

Die Seladongrüne Farbe

wird in allem so behandelt, wie die vorstehende Sächsischgrüne, mit dem einzigen Unterschied, daß der blaue Grund viel heller, und nur satt Perlblau gemacht wird; auch braucht man viel weniger Gelholz hierzu, mit ohngefähr den 8. Theil gegen Sächsischgrün gerechnet, kann man ein sehr schönes Seladongrün färben, weil diese Farbe, wenn sie recht gemacht wird, nur einen schwachen gelben Schimmer haben darf.

Die Apfelgrüne Farbe

ist eine Schattirung von der vorstehenden. Der blaue Grund wird ebenfalls nur sehr schwach Himmelblau hierzu gefärbt. Man nimmt hierzu aber etwas mehr indianisches Gelbholz, als zum vorstehenden Seladongrünen, nämlich den vierten auch wohl halben Theil so viel als wie zum Sächsischgrünen. Es kommt hier viel auf die herrschende Mode an, ob diese Farbe mit einem starken gelben Schimmer verlangt wird, oder nicht.

Die Pappelgrüne Farbe

wird ebenfalls wie vorstehende gemacht, wobey meistens der blaue Grund etwas schwächer und heller gefärbt wird, als zum Apfelgrünen. Gelbholz braucht man aber hierzu eben so viel als zum Sächsischgrünen, auch bisweilen um die Hälfte mehr, wenn diese Farben mit einem starken ins Gelbe fallenden Glanze verlangt wird.

Bey diesen hellen grünen Farben kann man bey Färbung des hellblauen Grundes den fünften Theil von dem zur Sächsischblauen Farbe vorgeschriebenen Sude von Alaun und Cremor Tartari abbrechen, weil diese Farben an sich selbst sehr helle sind, und durch zu vielen Alaun nur noch blasser oder abschiessender gemacht würden, weil die weiße Alaunerde sich wie ein feiner Lack auf die Oberfläche der Zeuge anlegt, welche gemeiniglich bey diesen hellen Farben sichtbar wird, wenn man zu viel Alaun zum Sude genommen hat.

Mehr als den fünften Theil, von der zur Sächsischblauen Farbe vorgeschriebenen Portion abzubrechen, könnte ich aber auch nicht anrathen, weil die Waare in dem hell Sächsischblauen Bade allzulange kochen müßte, bis sie sich gleich färbte, woraus wieder diese Unbequemlichkeit entstünde, daß der blaue Grund dadurch etwas matt gemacht würde. Wollte man diesem Fehler abhelfen, so müßte man den Sack mit der dunkelblau gefärbten Wolle so lange in dem Bade auf und nieder bewegen, bis er etwa den vierten Theil so viel

Farbe der Brühe mitgetheilt hat, als man anfänglich zum Färben des hellblauen Grundes gebraucht hat. In dieses ganz hell Perlfarb gefärbte Bad, werden die Zeuge nicht sogleich gebracht, sondern auf einem Schragen gelüftet, und man wirft den Sack mit dem indianischen Gelbholze in den Kessel, welcher so lange darinnen kocht, bis man urtheilet, daß man die Waare grün genug färben könne. Dieses letztere Hinzuthun der blauen Farbe ersetzt dasjenige vollkommen, was die Waare durch allzulanges Kochen an ihrer Lebhaftigkeit verloren hat, und man kann dieses Verfahren auch bey den Sächsischgrünen Farben mit vielem Vortheil beobachten, nur darf man dieses letzte mal nicht zu viel blaue Farbe in die Brühe bringen, weil die Waare sonst etwas ungleich gefärbt würde, denn bekanntermaßen färben sich alle Sächsischblauen Farben, von der hellesten bis zur dunkelsten, nicht so gerne gleich als andere Farben, die aus den Farbhölzern gezogen werden, wovon die Ursache wohl darinn liegen mag, daß die der Indigtinktur beywohnende Schwere des Vitriolöls, sich in

der

der Farbbrühe nicht sogleich austheilt, und lieber zu Boden senket, als die viel subtilern saftigen Theile der Farbhölzer.

Ueberhaupt muß man bey allen Sächsischblauen und grünen Farben die Beschaffenheit des Vitriolöls genau kennen, wenn man in diesen Farben mit Ruhm und Vortheil arbeiten will, denn es ist nicht allemal nur an der Stärke und weißen Farbe des Vitriolöls gelegen, wenn es von ächter und guter Beschaffenheit seyn soll, sondern man muß auch dessen Schwere untersuchen, und unter mehrern Gattungen vom weißen zweymal rektifizirten, sich das leichteste zu seinem Gebrauch aussuchen, weil man bey letzterem den wesentlichen Vortheil hat, daß die Sächsischblauen und grünen Farben die man damit färbt, allemal geschwinder gleich an Farbe werden, und dadurch auch mehrere Lebhaftigkeit erhalten, als andere, die mit einer schweren Sorte vom Vitriolöl sind gefärbt worden. In großen Färbereyen, wo man sehr viel in Sächsischblauen und grünen Farben zu arbeiten hat, kann hierdurch sogar ein merklicher Holzaufwand ersparet werden.

Säch=

Sächsischgrüne Schattirungsgarne, von 10 Schattirungen.

Für diejenigen, welche zu bund gestreiften Zeuge Schattirungsgarne zu färben haben, will ich hier die leichteste und geschwindeste Methode beschreiben, wie man die Sächsischgrünen Schattirungsgarne färbt. In großen Färbereyanstalten, wo man gemeiniglich 100 Pfund Schattirungsgarne zugleich auf einmal färbt, wählt man sich hierzu einen großen Kessel, welcher 50 Pfund Garne auf einmal fasset. Man hängt also alle 100 Pfund Garne auf einmal an glatt gehobelte Stangen, netzt und siedet es auf zweymal, in den hierzu bestimmten Kessel, und nimmt zu den ersten 50 Pfunden Garnen 9 Pfund Alaun und 1 Pfund 4 Loth Cremor Tartari, zu den zweyten 50 Pfund Garnen aber nur 7 Pfund Alaun, und 28 Loth Cremor Tartari; jede Parthie lässet man nur 1 Stunde kochen, worauf man solche heraus nimmt, und die zur Sächsischblauen Farbe vorgeschriebene dun=

dunkelblau gefärbte Wolle in das Alaunbad wirft; man lässet diese nur so lange darinn kochen, bis die Farbe satt Himmelblau aussiehet, worauf die Abfallwolle (Butzen) herausgenommen, etwas kaltes Wasser zugefüllet, und der zehende Theil 10 Pfund von den Schattirungsgarnen in den Kessel gebracht wird; man ziehet diese mit den Händen sehr geschwinde, eine Hand voll um die andere um, und wenn man einmal mit allen fertig ist, so fängt man wieder von forne an, und wiederholt dieses Umwenden 4 mal nach einander, worauf wieder andere 10 Pfund Garne in den Kessel, zu den vorigen genommen werden. Ist diese zweyte Parthie nebst der erstern 4 mal umgezogen, so bringt man noch die dritten 10 Pfund Garne in den Kessel, und manipulirt solche wie die vorigen. Hier muß nun das Augenmaas des Färbers zu entscheiden wissen, ob diese 3 Parthien Garne, zur Sächsischblauen Schattirung die hellesten Theile abgeben könnten, oder ob solche noch zu dunkel darzu sind. Im letztern Falle müßte man noch die vierte Parthie von 10 Pfunden darzu in den Kessel nehmen, auch nach Beschaffenheit die 5te, in welchem Falle man aber die zuerst in den Kessel genommenen 10 Pfund Garne heraus nehmen müßte, die vier übrigen aber werden so lange handthieret, bis sie die Farbe gleich angenommen haben, worauf sie herausgenommen und über zwey Schragen gelegt werden, daß sie auskühlen und abtröpfeln können. Hat man einmal die vier hellesten Schattirungstheile gefärbt, so bringt man die dunkelblau gefärbte Wolle wieder in den Kessel, und läßt solche so lange kochen, bis sich das Bad recht dunkelblau gefärbt hat. Hierauf werden von den übrigen 6 Schattirungstheilen, einer nach dem andern hinein genommen, bis man siehet, daß die lichteste Parthie von dieser zweyten Färbung auf die dunkelste von den ersten vier gefärbten Parthien passet. Hat man nun solchergestalt 8 Schattirungen gefärbt, die von der dunkel perlblauen Farbe, bis zum dunkeln Sächsischblauen in gehöriger Abstufung auf einander folgen, so färbt man die noch übrigen 20 Pfunde, dem dunkelsten oder 8ten Theil mit der dunkelblau gefärbten Wolle ganz gleich, so, daß man 70 Pfund oder

7 Schattirungen in ordentlicher Abstufung, und 30 Pfund oder 3 Schattirungen von einerley dunkelblauer Farbe gefärbt hat. Man thut hierauf in einen Sack 15 Pfunde gehobeltes indianisches Gelbholz, welchen man etwa eine Viertelstunde lang kochen lässet, wobey man den auf dem Kessel sich erhebenden Schaum von Zeit zu Zeit wegnimmt. Das Gelbholz wird hierauf heraus genommen, und man schüttet noch so viel mit Wasser verdünnete Indigtinktur in den Kessel, bis das Bad gelblicht Saxgrün gefärbt davon aussiehet. Man fängt dann von dem dunkelsten Theil an, die Schattirung grün zu machen, welches nun sehr geschwinde gehet, weil alle Schattirungstheile in ihrer Grundfarbe schon durchaus gleich gefärbt sind, und hat man bey diesem grün machen nur dieses zu beobachten, daß man das erste dunkelste Theil, welches man anfänglich in das grüne Bad gebracht hat, allemal 5 bis 6 mal umziehet, bis man ein zweytes nachnimmt. Auf diese Art wird man Sächsischgrüne Schattirungen so lebhaft und glänzend färben, daß derley Farben bey der Seide nicht schöner ausfallen

können,

können, da schon vorhero solche in der blauen Grundfarbe so lebhaft und schön waren, daß sie ganz füglich als eine Sächsischblaue Schattirung hätte verarbeitet werden können, wenn man die beyden letzten Theile mit Zusetzung etwas wenigem von der blauen Indigtinktur vollends verhältnißmäßig dunkel genug gemacht hätte. Gemeiniglich nähert sich der 10te, als der dunkelste Theil, sowohl bey den Sächsischgrünen als andern Schattirungen, sehr dem Schwarzen, und daß erste, oder helleste Theil von der Sächsischgrünen, ist ein helles Pappelgrün.

In einigen Färbereyen bedienet man sich noch einer andern Methode, um die Sächsischgrünen Schattirungen zu färben, wobey man das Netzen und Sieden ebenfalls wie erst gesagt worden beobachtet, nur daß man beym Sieden um die Hälfte mehr Weizenkleyen, in allem etwa den vierten Theil einer Metzen darzu nimmt. Nach dem Sieden schüttet man die zur ganzen Schattirung (nämlich zu 100 Pfunden) besonders zugerichtete Indigtinktur, die mit 5 Pfunden weißen,

zwey=

zweymal rektifizirten Vitriolöl und 1¾ Pfund feinen Indigo Quatimalo fiore ist gemacht worden, auf einmal in den Kessel, man verstärkt das Feuer unter demselben ein wenig, daß er sich zum Kochen anschickt, und wirft zu gleicher Zeit, wenn man die Indigtinktur in den Kessel geschüttet hat, einen Sack mit 20 Pfunden indianischen gehobelten Gelbholze hinein; sobald dieser nebst der Indigtinktur sich darinn befindet, wird sich nicht nur die im Kessel zurück gebliebene Kleyen, sondern auch das grobe und unreine Wesen des Gelbholzes, nebst den gröbern Theilen des Indigs und Vitriolöls, auf die Oberfläche des Kessels wie ein schwarzer Schaum erheben, welchen man mit einem reinen Besen, oder großen Schaumlöffel sorgfältig abhebt, und wenn der Kessel nicht mehr schäumt, so füllet man etwas kaltes Wasser zu, und fängt von dem dunkelsten Theil an zu färben, wobey man die nämlichen Handgriffe beobachtet, wie bey der obigen Schattirung ist gesagt worden, nämlich: daß man allezeit das erste Theil 5 bis 6 mal umziehen muß, bis man wieder ein zweytes nachnimmt, man darf jedoch hierbey nicht gleich bis zum Allerhellesten herabgehen, weil das Bad hier so stark ist, daß man die hellesten Theile leicht zu dunkel machen könnte, sondern man färbt anfänglich höchstens 6 Theile vollkommen fertig, welche aber, ehe sie ganz fertig werden, 4 bis 5 mal in den Kessel genommen werden müssen, weil der Sack mit dem indianischen Gelbholze, vom Anfang bis zu Ende des Färbens, darinn liegen bleibt, welcher, da er nicht kochen darf, seine Farbe nicht so geschwinde von sich giebt, daß die dunkelsten ersten Theile gehörig grün gefärbt, heraus kommen könnten. Hat man die dunkelsten 5 oder 6 Theile fertig, so fährt man der Reihe nach fort, immer ein Theil nach dem andern in die Farbe zu nehmen, und durch öfteres Umziehen gleich zu färben, bis man alle 10 Schattirungstheile gefärbt hat. Es braucht überhaupt nur ein wenig Uebung, so wird man diese Schattirungsgarne ohne einigen Anstand färben können. Ob schon diese leztere Art, die Sächsischgrünen Schattirungsgarne zu färben, von einigen Färbereyverständigen der ersten vorgezogen wird,

aus

aus Ursache, weil diese Bearbeitung etwas kürzer zu seyn scheinet, und weil man zu 100 Pfunden Garne, etwa 2 Loth Indigo weniger braucht; so wird doch jeder, welcher beyde Arten versucht hat, mit mir eingestehen müssen, daß die erstere Art zu färben, vor der letztern den Vorzug behauptet, vorzüglich deswegen, weil alle Sächsischgrünen Schattirungen, von der hellesten bis zur dunkelsten, die zuvor blau, und dann mit dem indianischen Gelbholze grün gefärbt worden, viel schöner und lebhafter ausfallen, als wenn man solche auf einmal grün färbt. Indessen habe ich das letztere Verfahren meistens aus der Ursache angeführt, weil es um etwas weniges wohlfeiler ist. Denn man kann nach vollendeter Schattirung noch 20 bis 40 Pfund gezwirnte Wolle hell Pappelgrün aus dem nämlichen Kessel färben, wenn man nur etliche Eßlöffel voll blaue Indigtinktur zusetzt. Wer also mehr auf die Ersparung als auf die möglichste Schönheit der Farben zu sehen Ursache hat, dem rathe ich die letztere Methode zu Färbung seiner Sächsischgrünen Schattirungsgarne an.

Seit einigen Jahren ist eine grüne Farbe zur Mode geworden, die man auf dem nämlichen Kessel, wo man zuvor Sächsisch- oder Pappelgrün gefärbt hat, auf die leichteste und wohlfeileste Art färben kann, ihr Name ist

Gänsekothgrün (Merde d'oyes.)

Wenn man diese Farbe recht lebhaft, und doch dabey wohlfeil färben will, so darf man nur die Farbbrühe, woraus man Sächsisch- oder Pappelgrün gefärbt hat, darzu benutzen, auch kann man die Säcke, welche zu hellen Sächsischgrünen Farben sind gebraucht worden, hierzu noch recht gut anwenden, wenn man solche, gleich darnach, wenn die Sächsischgrüne Waare aus dem Kessel herausgenommen worden, in das zurückgebliebene Bad wirft, und über Nacht darinnen liegen lässet. Des andern Tags in der Frühe läßt man solche etwa noch eine halbe Stunde kochen, und schüttet die Spähne als unnütz

unnütz weg. Hierauf thut man etwa eben so viel frisches indianisches Gelbholz in einen Sack, als man zu Sächsischgrün genommen hat, und läßt es eine halbe Stunde auskochen; man nimmt dann den Sack heraus, und wirft auf 12 Pfund schwere Waare 1 Pfund Alaun, nebst ½ Pfund rothen Weinstein, und ½ Pfund Sumak in den Kessel; sobald dieser zerschmolzen ist, schüttet man auf 1 Stück Zeug, welches 10 Pfund wägt, zwey Eßlöffel voll von der blauen, mit Wasser verdünneten Indigtinktur darzu, der Kessel wird bis auf 4 Zoll vom Rande mit kaltem Wasser angefüllet, das Bad gut aufgerührt, und die an einander gehefteten Zeuge hinein gebracht, welche eine halbe Stunde hin und wieder bewegt werden; man läßt sie dann eine kurze Zeit liegen, damit der Kessel desto eher zum Kochen komme. Die Waare läßt man unter öfterm Umwenden 2 Stunden sehr stark kochen, worauf man sie herausnimmt und lüftet. Das Feuer wird unter dem Kessel weggenommen, und mit Wasser abgedämpft. Von dem Bade schüttet man etwa den vierten Theil weg, welches mit kaltem

Wasser ersetzt wird. Hierauf löset man in einem besondern Geschirr auf jedes Stück Zeug 4 bis 8 Loth grünen Eisenvitriol auf; das Aufgelöste wird in das Bad geschüttet, und die Waare hinein gebracht, welche so lange hin und wieder bewegt wird, bis sie dunkel genug ist. Will man diese Farbe ganz helle haben, so sind 4 Loth Eisenvitriol auf 1 Stück Zeug, welches 10 Pfund wägt, genug; verlangt man solche aber etwas dunkel, so darf man auch 6 bis 8 Loth nehmen. Sollte man aus der Farbe der Zeuge vor dem Abdunkeln mit dem Eisenvitriol wahrnehmen, daß solche zu wenig gelben Schimmer erhalten werde, so darf man, nebst dem Eisenvitriol, auch etliche Lothe gemahlene Curcume auf jedes Stück Zeug zusetzen, um den gelben Glanz dadurch zu vermehren. Besser ist es aber, wenn die Waare mit der Curcume kochen kann, und solche gleich Anfangs mit in die Farbbrühe gethan wird.

Von denen Farben, die aus der Vermischung von Blau und Roth entstehen.

Wenn man die blaue und rothe Farbe zu gleichen Theilen mit einander vermischet, so erhält man Violet. Nimmt man mehr Roth als Blau, so entstehet daraus Amurath, Columbin, Purpur, Pompadour und Karmosin. Wird von beyden Farben jede nur schwach gefärbt, so erhält man anstatt Violet, Lilas. Je schöner beyde Farben sind, welche mit einander vermischt werden, je lebhafter wird alsdenn auch diejenige, die man daraus erhält.

Von der Violetfarbe.

Die Vermischung der blauen und rothen Farbe geschiehet nicht solchergestalt, daß man sie in einem Kessel mit einander vermenget und daraus färbt, sondern eine jede Farbe muß vorher besonders verfertiget, und eine nach der andern auf Tücher oder Zeuge aufgetragen werden, weil beyde Farben zu ihrer Zusammensetzung und Entwicklung solche Salze und Materialien erfordern, daß aus deren Vermischung unmöglich etwas Gutes entstehen kann. Indessen ist es gleich viel, welche Farbe man von beyden zuerst aufträgt. Gemeiniglich aber färbt man zuerst die Rothe, und bringt den Zeug alsdann erst in die Waydküpe, um ihn vollends auf Violet zu färben. Zu dieser Vermischung bedienet man sich aber niemals des Scharlachrothen, weil dieses mit zu vieler Säure überladen ist, als daß aus dessen Vermischung mit dem Blauen der Waydküpe, etwas Gutes heraus kommen könnte, sondern man nimmt hierzu das Karmosinrothe. Diese Farbe wird hierzu nach der bereits gegebenen Vorschrift verfertiget, wobey es zu Herstellung einer Violetfarbe immer gleichgültig ist, ob man die Karmosinrothe Farbe aus der Cochenille, oder dem Fernambuck verfertiget, man erhält mit beyden rothen Farben, in Vermischung der Blauen, ein schönes Violet, nur daß das Erstere

stere fest und beständig ist; Letzteres aber an der Luft sehr bald abschiesset, und allen Glanz verlieret.

Wenn man die Tücher oder Zeuge, welche mit einem beständigen Violet gefärbt werden sollen, mit der Cochenille ordentlich Karmosinroth gefärbt hat, so werden solche zuvor, ehe man sie in die Waydküpe bringt, in fliessendem Wasser rein ausgespühlt, oder man läßt sie durch einen Kessel, welcher mit reinem Wasser angefüllet, und etwas mehr als lauh warm erhitzt ist, etliche mal umhandthieren, und bringt solche gleich darauf in die Waydküpe, welche aber nicht zu stark mit Indig besetzt seyn darf, sonst würde man solche zu dunkel färben, und kein wahres Violet erhalten. Am besten ist es, wenn man sich zu den Violetfarben solcher Küpen bedienet, welche schon so sehr an Farbe abgenommen haben, daß man nur noch Himmelblau daraus färben kann. In diesem Zustande einer Küpe, besonders wenn sie nicht zu alt, und zu sehr mit Kalche überladen ist, erhält man die schönsten und gleichförmigsten Violetfarben.

Die Violette, welche aus dem Karmosinrothen des Rothholzes und Fernambuck gefärbt werden, dürfen vor dem Färben auf der Waydküpe nicht mit Potasche auf Karmosinroth geschauet werden, weil sich in der Küpe ohnehin genugsames Alkali befindet, wodurch das Rothe aus dem Fernambuck und Rothholz geschauet wird. Man darf dahero zu dem unächten Violet den rothen Grund nur von gehöriger Stärke auf dem Rothkessel färben, die in der Waare hängende rothe Brühe gut abrinnen lassen, und solche alsdenn in die Küpe bringen.

Auf diese Art lassen sich sehr mannichfaltige Schattirungen verfertigen, vom dunkelsten Violet, bis zum hellesten Lilas, wobey man beyde Farben nur stärker oder schwächer machen darf, nachdem man eine Schattirung verlangt. Eine kurze Uebung giebt hier den besten Lehrmeister ab.

Von denen Farben, die aus der Vermischung des Blauen aus der Waydküpe und des Krapprothen entstehen.

Aus der Vermischung dieser beyden Farben, erhält man kein wahres Violet mehr, sondern ein angenehmes

Violetbraun,

---

welches sich mehr dem würklich Braunen, als der Violetfarbe nähert; sie ist dabey sehr feste, und leidet an der Luft fast gar keine Veränderung, daher solche auch auf feine Tücher und Zeuge, deren Werth eine ächte Farbe verträgt, noch öfters gefärbt wird. Ihre Verfertigung ist sehr leicht, und man färbt die Tücher gewöhnlichermaßen zuerst schön und vollkommen Himmelblau, spühlet solche in fliessendem Wasser, und richtet einen Kessel zu, worinnen man sie ordentlich wie zu Krapproth

roth siedet, nämlich zu 1 Stück Tuch, welches 24 Pfund wägt, werden 4 Pfund Alaun und 2 Pfund Bologneserweinstein genommen. Die Scharlachkomposition wird hier weggelassen, weil sich solche mit allen alkalischen, oder Küpenblauen Farben gar nicht gut vereiniget. Ehe man die Salze in den Kessel schüttet, wirft man auf jedes Stück Tuch etliche Hände voll Weizenkleyen in den Kessel, und wenn letzterer so heiß ist, daß man die Hand nicht mehr darinn leiden kann, werden die Tücher etliche mal in dem Kessel umgetrieben, wodurch die an den Tüchern etwa noch hängen gebliebene Küpenlauge sich mit dem Wasser vereinigt, und die Tücher desto reiner werden. Nach dieser Bearbeitung bringt man die Waare auf die Winde, und schüttet den Alaun und Weinstein hinein, welcher alles Unreine, welches sich von der Waare abgewaschen hat, wie einen dicken Schaum auf die Oberfläche des Kessels treibt; sobald dieser Schaum an einigen Orten anfängt zu bersten, wird er auf das sorgfältigste weggenommen, und die Tücher hinein gebracht, wobey man verfährt, wie bey dem Krapprothen gesagt worden.

Hat

Hat man die Tücher gewöhnlich gesotten, so werden solche nach 5 bis 6 Tagen wie das gewöhnliche Krapprothe gefärbt, und man erhält hierdurch eine schöne und haltbare Violetbraune Farbe. Will man diese Farbe noch dunkler machen, so geschiehet es auf eine sehr leichte Art in dem nämlichen Kessel, wo man sie mit dem Krapp gefärbt hat, wenn man entweder auf jedes Stück Tuch noch 2 bis 3 Pfund Krapp hinzuthut, oder zu jeglichem Stück Tuch 1, bis 1½ Pfund gestoßene Gallsäpfel mit dem Krapp zu gleicher Zeit in den Kessel schüttet. Nach dem Rothfärben wird das Feuer unter dem Kessel vermindert, und durch Zuschüttung etlicher Eymer kalten Wassers, die Hitze des Bades vermindert, worauf man zu jedem Stück Tuch 1, bis 1½ Pfund grünen Eisenvitriol in einem besondern Geschirr auflöset, und in das Bad schüttet, man rührt alles wohl unter einander, und bringt die Tücher hinein, welche so lange darinn hin und wieder bewegt werden, bis sie dunkel genug sind. Diese braunen Farben sind nicht nur sehr schön, sondern auch vollkommen dauerhaft.

Von der Lilasfarbe.

Diese ist, wie bereits gesagt worden, eine hellere Schattirung von Violet; hierzu werden beyde Farben, nämlich die Blaue und Rothe, verhältnißmäsig nur von halber Stärke gegen die Violetfarbe erfordert.

Hierbey kann ich einen wesentlichen Vortheil bey der Färberey nicht unangemerkt lassen, daß man zu dieser Farbe, wenn sie ächt gefärbt werden soll, nicht allemal ein neues Cochenillebad zuzurichten nöthig hat, sondern man kann die Wolle, Tücher oder Zeuge, wenn sie in der Waydküpe den erforderlichen hellen, Himmelblauen Grund erhalten haben, und mit der Hälfte des zu der Karmosinfarbe vorgeschriebenen Sudes gehörig vorbereitet worden sind, auf einer Cochenillebrühe, woraus man Karmosinroth gefärbt hat, mit einiger Ersparung an Cochenille, färben. Hierbey kann man nicht nur einige Lothe Cochenille in Ersparung bringen, sondern man gewinnt auch an der Zeit und am Brenn=

Brennholze, welches zusammen genommen allerdings verdient in Betrachtung gezogen zu werden.

Außer dieser beschriebenen Lilasfarbe, werden noch sehr mannichfaltige, und viel hellere Schattirungen, unter dem Namen

Silberfärbig Lilas,

---

gemacht; da diese einen sehr hellblauen Grund erfordern, welcher auf der Waydküpe sehr schwer zu erhalten ist, so bedienet man sich hierzu der Sächsischblauen Indigtinktur, und verfährt dabey folgendergestalt:

Zu 100 Pfund Waare, welche zuvor gehörig genetzt ist, nimmt man 16 Pfund Alaun, und 4 Pfund Cremor Tartari, und siedet die Wolle oder Zeuge eine Stunde lang in diesen Salzen, worauf die Waare auf die Winde gebracht, und von der mit Indigtinktur dunkelblau gefärbten Wolle, einige Hände de voll in einen Sack in den Kessel gethan werden, welche Wolle man so lange darinn läßt, bis das Bad dunkelperlfarb gefärbt ist; man nimmt dann den Sack mit der Wolle heraus, und bringt die Zeuge über die Winde in den Kessel, welche, wie gewöhnlich, eine halbe Stunde lang hin und wieder bewegt werden, worauf man sie ruhig liegen, und unter öfterm Umwenden so lange kochen läßt, bis sie durchaus gleichförmig gefärbt sind. Fest gewebte Zeuge, die gezwirnt sind, dürfen gemeiniglich 2 Stunden kochen, bis sie durch und durch, dabey auch ohne alle Streifen gefärbt sind; locker gewebte hingegen, färben sich nach $1\frac{1}{2}$ stündigem Kochen vollkommen gleich. Ist die Waare nun solchergestalt mit dem perlfarbnen Grunde gehörig gefärbt, so wird das Feuer unter dem Kessel weggenommen, und die vorhandene Glut abgedämpft, damit das Bad zur Hälfte ausgeleeret werden könne, ohne daß man dem Kessel, wenn es auch ein zinnerner wäre, einigen Schaden dadurch zufüget. Dasjenige, was von dem Bade ist weggeschüttet worden, wird mit reinem kalten Wasser ersetzt, weil hier ein etwas mehr als lauh warmes Bad unumgänglich erfordert wird, um die mit dem perlfarbnen Grunde gefärbten Zeuge vollends auf silberfärbig Lilas zu färben. Allem Vermuthen nach, sollte nun auf diesen perlfarbnen Grund eine schwache rothe Farbe aufgetragen werden; allein nach vielfältigen Versuchen hat man gefunden, daß keine einzige rothe Farbe sich mit dem Blauen aus der Indigtinktur wohl verträgt. Man hat daher nichts besseres gefunden, als die Blauholzbrühe; hiervon schüttet man 6 bis 10 Maas, nachdem sie stark oder schwach ist, in das lauh warme Bad, man rührt mit einer Krücke alles wohl unter einander, und bringt die Zeuge sehr schnell in den Kessel, wo sie gegen 2 Stunden ununterbrochen hin und wieder bewegt werden, damit sie die Farbe überall gleich annehmen. Die in der Hälfte des Sudbades zurückgebliebene Alaun- und Weinsteinsäure, entwickelt die dem Blauholze beygemischten rothen Farbtheile, so, daß das Bad nicht nur ganz braunroth davon aussiehet, sondern es giebt den Zeugen auch einen angenehmen röthlichten Schimmer, welcher mit dem vorherigen perlfarbnen Grunde eine angenehme helle Lilasfarbe darstellet. Auf diese nämliche Art lassen sich sehr mannichfaltige Schattirungen, von der hellesten Milchweissen Farbe, bis zum vollkommenen Lilas verfertigen, wenn man nur verhältnißmäßig den perlfarbnen Grund schwächer oder stärker macht, und so auch nach Proportion von der Blauholzbrühe mehr oder weniger nimmt. Eine kurze Uebung wird einem geschickten Färber sehr bald lehren, alle vorkommende sehr helle und lebhafte Schattirungen zu verfertigen. Bey diesen Farben, wenn sie mehr in das angenehme Aschengraue, als Lilasfärbige fallen sollen, kann man anstatt des Cremor Tartari sich des wohlfeilern gemeinen Weinsteins bedienen, welcher immer mehr als noch einmal so wohlfeil, als Ersterer ist; zwar fällt der perlfarbne Grund davon viel weniger lebhaft, und etwas grünlicht aus, allein dieses schadet zu einem angenehmen Aschengrau gar nichts, und man kann auch anstatt der Blauholzbrühe sich der viel wohlfeilern Brühe aus dem Schwarzkessel, worinn man schwarze Waare vollendet und ausgefärbt

hat,

hat, bedienen; zwar muß man von letzterer viel mehr nehmen, allein, weil diese gar nichts kostet, so werden viele silberfärbige und graue Modefarben, vermittelst dieser, bey den Färbern sogenannten schwarzen Ausmachflotte sehr wohlfeil verfertiget.

Außer diesen angezeigten Farben, die aus der Vermischung der Blauen und Rothen entstehen, kennt man bey der Färberey noch eine besondere Manipulation, um aus Beyden ein Violet herzustellen, welches aber nur auf die Schattirungsgarne zu den gestreiften Zeugen anwendbar ist; man verfährt dabey folgendergestalt: Die Schattirungsgarne werden gehörig in Alaun und Weinstein gesotten, nach eben dem Verhältniß, wie es zur Pompadourrothen Farbe angegeben worden; man bringt sie hierauf in den Rothkessel, wo sie mit dem Fernambuck- und Rothholz, in gehörigen Abstufungen roth gefärbt werden. Nach dem Rothfärben wird ein besonderer Kessel mit lauh warmen Wasser zurecht gemacht, und das roth gefärbte Garn mit Hinzuthun eines proportionirten Theils von der Sächsischblauen Indigtinktur gefärbt. Ohngeachtet hier durch die Vermischung von Blau und Roth, schon eine Violetfarbe entstehen sollte, so findet hier doch, das Gegentheil statt, weil die starke Säure des Vitriolöls die rothe Grundfarbe aus dem Fernambuck- und Rothholz fast gänzlich zerstört; man erhält daher anstatt Violet, eine unangenehme braune Farbe, die dabey ins Graue fällt, und ziemlich gestreift und fleckigt aussiehet. Dieser letztere Umstand hat bey der gestreiften Waare keine nachtheiligen Folgen. Hat man nun alle Schattirungstheile mit dem Blauen der Indigtinktur gefärbt, so wird wieder ein neues lauh warmes Bad zubereitet, worein man aufgelöste Potasche schüttet, und von der hellesten Schattirung wieder anfängt, diese vermischte Farbe erst Violet zu machen, und in ihrer möglichsten Schönheit herzustellen. Dieses alkalische Bad, welches die Säure des Vitriolöls niederschlägt, bringt erst die Violetfarbe zum Vorschein, die zwar ziemlich schön, dabey aber sehr streifigt und fleckigt aussiehet. Dieses Verfahren, welches nur auf Schattirungsgarne mit der Einschrän-

kung

kung anwendbar ist, daß man sich an eine egale Farbe nicht binden müsse, kann ich niemanden zur Nachahmung anrathen, weil es nicht nur sehr weitläuftig ist, sondern auch dabey keine schönere Farbe liefert, als man auf einem kürzern und wohlfeilern Weg erhalten kann.

Bey Verfertigung der violetten Schattirungsgarne, würde ich lieber anrathen, solche zuerst auf dem Rothkessel nach ihren Abstufungen recht lebhaft roth zu färben, und hernach auf einer Waydküpe, die nicht zu heiß, und zu sehr mit Kalch versehen ist, auch dabey nicht zu dunkel färbt, vollends Violet zu machen. Diese letztern Violetfarben, wenn sie mit gehöriger Vorsicht gemacht werden, fallen allezeit sehr lebhaft aus, und sind dabey auch dauerhafter als die vorhergehenden; man kann sich hier auch nicht so leicht verfehlen, weil man nach dem Blaufärben, im Fall, daß es erforderlich seyn sollte, auf einen, mit etwas mehr als lauh warmen Wasser, gefüllten Kessel, immer noch Rothholzbrühe zusetzen kann, um eine jede Schattirung so herzustellen, wie man sie verlangt. Wenn diese violetten Schattirungsgarne nach dem Blaufärben in fliessendem Wasser rein ausgespühlt, und durch ein lauh warmes Potaschenbad gezogen werden, so erhalten sie den möglichsten Grad der Schönheit, der bey dieser Farbe nur zu erreichen ist. Aehnliche violette Schattirungen lassen sich auch verfertigen, wenn man die Garne nach dem Rothfärben in einen besondern Kessel, der aber nicht kochend heiß seyn darf, mit Blauholzbrühe braun färbt, und bey der dunkelsten anfängt; von Letztern, den dunkelsten nämlich, färbt man aber nur zwo oder drey nach einander, und fängt darauf bey der hellesten an: denn wollte man die dunkelsten der Reihe nach alle mit der Blauholzbrühe färben, so würde zuletzt bey der hellesten Schattirung sich zu viel Blauholzbrühe in dem Kessel befinden, wodurch diese zu dunkel würde. Nach dem Braunfärben bringt man diese Schattirungsgarne in ein neues Bad, worinnen Potasche aufgelöset ist, und fängt bey der hellesten an, solche vollends auf Violet zu färben. Auf diese jetzt beschriebene Art erhält man ebenfalls ein ziem-

ziemlich schönes Violet, welches aber dem vorhergehenden, wobey man das Blaue der Waydküpe gebraucht hat, an Schönheit sowohl, als in der Dauer nicht gleich kommt.

Von denen Farben, die aus der Vermischung der Blauen und Braunen entstehen.

Diese beyde Farben werden heutiges Tags nur noch sehr selten mit einander vermischt, weil man dermalen mehr auf die geringen Kosten, als auf die Dauer einer Farbe siehet. Vor mehrern Jahren sind beynahe alle braunen Farben auf Tücher zuerst mit dem blauen Grunde aus der Waydküpe gefärbt worden; man machte nach Verhältniß des Musters, welches man nachahmen wollte, den blauen Grund heller oder dunkler. Hatte man die Tücher im Grunde blau gefärbt, so wurden sie in fliessendem Wasser rein ausgespühlt, und in Alaun und Weinstein ordentlich auf Krapproth gesotten. In 4 bis 6 Tagen nach dem Sude, wurde ein neues Bad ordentlich wie zum Krapprothen vorbereitet, und man färbte solche gehörig in Krapp, nebst Zusetzung von 1½ bis 2 Pfund pulverisirter Galläpfel, welche auf jedes Stück Tuch gleich mit dem Krapp in den Kessel gethan wurden. Nach dem Rothfärben wurde das Feuer unter dem Kessel weggenommen, das Bad zur Hälfte ausgeleeret, und mit kaltem Wasser ersetzt. Hierauf wurde zu jedem Stück Tuch, 1 bis 2 Pfund grüner Eisenvitriol aufgelöset und in den Kessel geschüttet; die Tücher, welche man zuvor gelüftet hatte, wurden wieder in den Kessel gebracht, und so lange beständig darinn hin und wieder bewegt, bis sie dunkel genug waren.

Auf diese Art hat man nicht nur eine sehr feste dunkelbraune Farbe erhalten, sondern sie hatte dabey auch sehr vielen Glanz und Lebhaftigkeit, und man konnte mit Hinzuthun von indianischen Gelbholze, Fernambuck- und Rothholz, Curcume und andern Zuthaten, sehr mannichfaltige ächte braune Schat-

Schattirungen verfertigen, welche man anjetzo größtentheils mit dem Rothen aus dem Fernambuck- und Rothholz, der Färberröthe, und dem Campecheholz verfertiget, deren Gebrauch bereits an gehörigem Orte angezeigt worden.

Von der Vermischung der blauen und schwarzen Farben.

Diese zwo Farben geben in ihrer Vermischung Eisengrau, Bleyfarb, und verschiedene hellere graue Modefarben, deren Benennung fast durchgehends willkürlich ist. Die Verfertigung dieser grauen Farben geschiehet in der nämlichen Ordnung, wie bey den vorhergehenden braunen Farben, nämlich: man färbt die Waare zuerst in der Waydküpe blau, spühlt sie gewöhnlich in fliessendem Wasser, und richtet zum Schwarzen (welches hier aber nur eine helle Schattirung von Schwarz seyn muß) ein besonderes Bad zu, worinn man nach Verhältniß der Farbe, ob sie sehr, oder nur mäßig dunkel seyn soll, fein pulverisirte Galläpfel, oder Sumak, etwa zu 12 Pfund schwer Waare, 1 Pfund, einige Minuten lang kochen läßt, worauf die Waare hinein gebracht und eine halbe Stunde lang hin und wieder bewegt wird, worauf man sie unter öfterm Umwenden eine Stunde lang kochen läßt. Nach diesem wird das Feuer von dem Kessel weggenommen, das Bad zur Hälfte ausgeleeret, und dasjenige, was weggeschüttet worden, mit kaltem Wasser ersetzt; hierauf löset man in einem besondern Geschirr die Hälfte so viel, als man Sumak oder Galläpfel genommen hat, grünen Eisenvitriol auf, schüttet solchen in das Bad, mengt alles wohl unter einander, und bringt die Zeuge, welche vorher sind gelüftet worden, wieder in den Kessel, die nun so lange darinn hin und wieder bewegt werden, bis sie dunkel genug sind. Nach diesem Verfahren werden alle dunkel Eisengraue Farben verfertigt, und es walten gar keine Schwierigkeiten ob, hierinn helle und dunkle Schattirungen zu machen, wenn

man

man nur den blauen Grund verhältnißmäßig lichter oder dunkler färbt, und den Sumak, Galläpfel und Vitriol vermindert oder vermehrt. Diesen Eisengrauen Farben kann man auch einen röthlichten oder gelben Schimmer geben, wenn man nebst den Galläpfeln die Hälfte so viel rothen Weinstein, etwas weniges Färberröthe, oder Gelbholzbrühe von indianischen Gelbholz hinzuthut.

Von denen Farben, die aus der Vermischung der Rothen und Gelben entstehen.

Aus diesen beyden Farben erhält man nach ihrer verhältnißmäßigen Vermischung Aurore, Krebsroth, Orange und röthliche Jonquilienfarbe. Gewöhnlichermaßen wird nur das Rothe der Cochenille und des Krapps mit Gelb vermischt, weil die rothe Farbe des Fernambuck- und Rothholzes zu wenig Lebhaftigkeit hat, als daß mit deren Vermischung mit der

der Gelben, eine schöne Aurore= oder Orangefarbe entstehen sollte. Die gewöhnliche Art, eine sehr schön und lebhafte Aurorefarbe, vermittelst der Cochenille, und mit dem Gelben der Curcume herzustellen, ist: daß man die Tücher, Zeuge oder Wolle, hierzu ordentlich wie zu fein Ponceau (Gobelinsscharlach) siedet, mit dem einzigen Unterschiede, daß die Portion der Curcume verdoppelt wird; die übrigen Zuthaten werden vollkommen so, wie zur Scharlachfarbe genommen, und man beobachtet auch bey der Färbereymanipulation das Nämliche, was bey der Scharlachfärberey gesagt worden. Die Cochenille wird nach Verhältniß der Farbe um den halben oder dritten Theil vermindert, nachdem solche stark oder schwach gemacht werden soll. Vollkommen auf diese Art, wird vermittelst der Cochenille und Curcume die

Orangefarbe

gemacht, und wird nur die Zuthat der Cochenille, gegen die Aurorefarbe vermindert,

dert, und allenfalls nach Verhältniß des Musters, welches man nachzuahmen hat, noch die Curcume vermehrt.

Krebsroth

wird gewöhnlich mit 3 Quintl. Cochenille, auf 1 Pfund Wolle gerechnet, gefärbt, wobey man aber zum Sude keine Cochenille nimmt, sondern auf jedes Pfund Wolle etwa 1½ bis 2 Loth feinen Krapp, ohne Curcume; der Cremor Tartari und die Scharlachkomposition, wird wie zur Scharlachfarbe genommen. Zum Färben kommen gedachte 3 Quintl. Cochenille, die Scharlachkomposition und Cremor Tartari wie zu Scharlach. Mit diesen Zuthaten erhält man eine Krebsrothe Farbe, die ziemlich lebhaft aussiehet, und sich dem Halbscharlach nähert. Will man aber diese Farbe noch feuriger haben, so kann man zum Färben mit der Cochenille auch die zum Scharlach vorgeschriebene halbe Portion

Cur=

Curcume mit hinein thun, wodurch solche einen noch viel feurigern Glanz erhält.

Man färbt auch in einigen Färbereyen eine Art von Krebsroth, ohne Cochenille, welches doch beständig ist, und im Preiße viel niederer zu stehen kommt, als Ersteres. Man bedienet sich hierzu des allerfeinsten Krapps, und der Curcume, oder anstatt der letztern des hungarischen Gelbholzes. Zum Sude aber ist es erforderlich, daß man die nämliche Portion Alaun und Weinstein nehme, wie zum Krapprothen, wobey man die zu letzterer Farbe vorgeschriebene Quantität Scharlachkomposition verdoppelt. Zum Ausmachen, oder Färben wird nur die Hälfte von der zum Krapprothen vorgeschriebenen Portion Krapp, nämlich 3 Pfund zu einem Stück Tuch, nebst $\frac{1}{4}$ Pfund Curcume, oder anstatt der letztern etwa $\frac{1}{4}$ Eymer ausgekochte Brühe vom hungarischen Gelbholze genommen. Mit diesen Zuthaten erhält man ein ziemlich schönes Krebsroth für gemeine Militärtücher, und will man solches noch feuriger machen, so darf man nur zum Färben auch so viel Scharlach-

kom-

komposition hinzuthun, als man zum Sude genommen hat, so erhält man ein recht feuriges Krebsroth, welches sehr beständig ist.

Jonquilie.

Ueber diese gelbe Farbe ist bereits unter dem Capitel von den gelben Farben aus dem hungarischen Gelbholze das Nöthige gesagt worden; will man solche aber mit einem schwachen röthlichten Schimmer haben, so waltet hierbey gar keine Schwierigken ob, daß man mit Beymischung etwas weniger Cochenille oder feinen Krapps, nachdem man die Wolle oder Zeuge gehörig gelb gefärbt hat, solche auf diejenige Schattirung bringt, die man verlangt.

Von denen Farben, die aus der Vermischung von Roth und Braun entstehen.

Ueber diese beyden Farben, die Rothe und Braune nämlich, ist bereits bey der Beschreischreibung der letztern das Nöthige gesagt worden. Man erhält aus deren Vermischung ein röthlichtes Braun, welches nach Verhältniß der Stärke, der beyden dazu genommenen, röther oder bräuner ausfällt. Wie allbereits bey den braunen Farben ist gesagt worden, so werden wohlfeile Tücher und Zeuge, deren wohlfeiler Preiß keine theure Farbe verträgt, gewöhnlich mit dem Rothholz und Fernambuck, roth gefärbt, und dann erst mit dem Blauholz vollends braun gemacht. Feine Tücher und Zeuge hingegen, welche wegen ihres hohen Preißes eine ächte und dauerhafte Farbe erfordern, werden meistentheils zuerst mit Krapp oder Färberröthe roth gefärbt, und dann mit Sumak, Galläpfeln und grünen Vitriol, in Braun vollendet. Bey Vermischung dieser beyden Farben wird die Rothe allemal zuerst gefärbt, und dann die Braune, so, wie beyde zu verfertigen, bereits angezeigt worden.

Von denen Farben, die aus der Vermischung der Rothen und Schwarzen entstehen.

Diese beyden Farben geben in ihrer Vermischung ebenfalls keine andere, als dunkel rothbraune Farben, wobey es wieder auf die Stärke einer jeden ankommt, in welcher jede genommen wird. Selten aber geschiehet es, daß diese beyde Farben so mit einander vermischt werden, ohne auch noch einen proportionirten Antheil von der Braunen mit darzu zu nehmen, weil die Rothe mit der Schwarzen, allein genommen, kein angenehmes Braun giebt. Alles was sich über diese beyde Farben noch sagen ließe, kann bey der Beschreibung der vierten Hauptfarbe, der Braunen, nachgesehen werden.

Von der Vermischung der gelben und braunen Farbe.

Wenn diese beyden Farben in gehörigem Verhältniß mit einander vermischt werden, so

 erhält

erhält man zwar eine neue Farbe, deren Benennung aber nach Beschaffenheit der Stärke ebenfalls verschieden ist. Ordentlich erhält man aus beyden Musc, Carmelite, und diesen ähnliche Farben. Ihre Verfertigung ist sehr leicht, und man darf keine von beyden besonders färben, sondern alles, was zu diesen beyden Farben erfordert wird, kann auf einmal zusammen in den Kessel gethan werden; nur ist zu beobachten, daß man zur gelben Farbe nur sehr wenig, oder gar keinen Alaun nehmen darf, sondern nur etwas weniges rothen Weinstein, weil die braune Farbe gemeiniglich zuletzt mit dem gemeinen Eisenvitriol dunkel gemacht wird, welchem Dunkelmachen der Alaun hinderlich seyn würde.

Die braune Farbe, die zur Vermischung mit der Gelben genommen wird, ist gemeiniglich diejenige, die mit der Färberröthe gemacht wird. Die Zeuge, welche man mit diesen beyden gedachten Farben Carmelite oder Musc färben will, dürfen, wie bereits schon erwähnt worden, nicht mit dem gewöhnlichen Ansott von Alaun und Weinstein vorbereitet

bereitet werden, sondern es ist hierzu nichts weiter erforderlich, als daß solche vorher in heißem Wasser gut naß gemacht werden; hierauf wird das indianische Gelbholz, etwa ½ Pfund, auf 1 Stück Tuch, welches 24 Pfund wägt, gerechnet, in einen Sack gethan, und in dem Kessel gut ausgekocht, worauf solcher herausgenommen, und 3½ bis 4 Pfund Färberröthe, nebst 1½ Pfund rothen Weinstein und 3 Pfund Sumak, in das gelbe Bad gethan wird, welches zusammen etliche Minuten lang gut aufkochen muß, ehe man kaltes Wasser hinzu schüttet, und das Tuch hinein bringt; dieses wird wie gewöhnlich eine halbe Stunde lang hin und wieder bewegt, worauf man es unter öfterm Umwenden 2 Stunden lang kochen läßt, und nach dieser Zeit heraus nimmt und lüftet. Das Bad wird hierauf zur Hälfte ausgeleeret, und mit kaltem Wasser, das was weggeschüttet worden, wieder ergänzt; man löset alsdenn in einem besondern Geschirr 1½ bis 2 Pfund grünen Eisenvitriol auf, welcher in das Bad gethan, und mit demselben gut vermischt wird; das Tuch wird aufs neue wieder in den Kessel gebracht, und so lange darinn hin und wieder bewegt, bis es gehörig

Musc, oder Muscusbraun

gefärbt ist. Man kann auf diese vorbeschriebene Art, wenn man von dem indianischen Gelbholze oder der Färberröthe mehr oder weniger nimmt, sehr mannichfaltige Schattirungen machen. Zu

Carmelite

wird die Portion des Gelbholzes um 3 Theile vermehrt, und die Quantität der Färberröthe um so viel vermindert, die übrigen Zuthaten hingegen, werden eben so, wie zur vorstehenden Farbe genommen, wenn man die vorjetzo in der Mode gehende Carmelitefarbe

farbe erhalten will, welche freylich viel gelber aussiehet, als der Habit eines Carmeliters.

Mehrere Beyspiele von Farben anzugeben, die aus der Vermischung zweyer oder mehrerer von den fünf Hauptfarben entstehen, finde ich für überflüssig, denn wenn ein Färber einmal die gleich Anfangs beschriebenen Hauptfarben zu machen weiß, so fällt es gar nicht schwer, alle nur vorkommende vermischte Farben zu verfertigen.

Da es sich bey Färbereyen auch bisweilen ereignet, daß man sehr helle Farben zu färben hat, wozu sehr reine und weiße Wolle oder Zeuge erfordert werden, und das gewöhnliche Waschen solche nicht in der erforderlichen Weiße darsteller, so ist es oftmals nothwendig, daß solche geschwefelt werden müssen; es wird daher nicht überflüssig seyn, wenn ich zum Beschluß der Färberey eine Vorschrift über mittheile. 'Bekanntermaßen ist der Schwefeldampf allen unächten Farben sehr schädlich, indem er solche sehr abziehet, und abschießsend macht. Es ist daher erforderlich, daß ein Färber, der seine Waaren selbst schwefeln will, die hierzu nöthige Kammer oder Gewölbe, etwas von der Färberey entfernt anbringe. Ein ordentliches Gewölbe, welches inwendig mit Brettern ausgetäfelt ist, taugt hierzu besser als eine hölzerne Kammer, weil bey letzterer das Holz, sey es auch noch so trocken darzu genommen worden, doch noch immer etwas schwinden wird, wodurch der Schwefeldampf Luft gewinnt, unbenutzt zu verrauchen. Wer also das Bessere, nämlich ein Gewölbe hierzu wählet, der lasse in der Höhe desselben eine Art von Kamin mit Schiebern anbringen, wodurch man einige Stunden vor der Oefnung des Gewölbes, den Dampf hinaus lassen kann. Unterhalb der Krümmung des Gewölbes, werden glatt geho-

gehobelte Stangen, oder Latten, drey Zoll weit von einander fest gemacht, worauf die gesponnene Wolle oder Zeuge gehängt werden. Diejenigen Tücher, Zeuge oder Wolle, welche nach dem Schwefeln nicht gefärbt werden, sondern weiß bleiben sollen, müssen nach der gewöhnlichen Wäsche nochmals mit weißer Seife rein gewaschen, und in lauh warmen Wasser von der Seife befreyet werden. Sind solche hiervon gut abgetröpfelt, so werden sie in das Schwefelgewölbe, oder in den Schwefelkasten (Schwefelkammer) über die beschriebenen Stangen aufgehängt. In einem Ecke des Gewölbes wird ein Tiegel von gut gebrannten Hafner Geschirr, welcher auf den Seiten mit kleinen Löchern durchbrochen ist, mit glühenden Kohlen gefüllt, und auf Ziegelsteine hingestellt; auf diese Kohlen wird auf 1 Stück Zeug, welches 10 Pfund wägt, so viel Loth klein gestossener Schwefel geschüttet, und die Thür nebst den oben im Kamin befindlichen Schiebern geschwind zugemacht, damit nichts vom Schwefeldampf unnütz verfliege. Sechs Stunden darnach öfnet man die oben befindlichen

Schieber, und eine Stunde später auch die Thüre, damit man einige Zeit darauf, ohne zu ersticken, hinein gehen kann, um die gesponnene Wolle, Tücher oder Zeuge umzuziehen. Dieses Umziehen geschiehet folgendergestalt: Dasjenige, was auf den Stangen aufgelegen, und vom Schwefeldampf nicht genug durchdrungen worden, wird so gezogen, daß es nach der Seite, zwischen den Stangen und den untern Biegen zu stehen kommt; denn wenn dieses Umziehen nicht beobachtet würde, so dürfte die Waare ungeschwefelte, ins gelbe fallende Streifen erhalten. Nach diesem Umziehen, werden wieder glühende Kohlen in den Tiegel gethan, und nochmals die nämliche Portion Schwefel angezündet, welchen man wieder durch 6 Stunden wenigstens, auf die Waare würken läßt, worauf letztere herausgenommen, und an der Luft getrocknet wird, so ist sie so weiß, als es die Natur der Wolle erlaubt. Die angezeigte Quantität Schwefel, nämlich jedes mal 1 Loth auf 1 Pfund Waare, versteht sich aber nur von solchen geraumigen Schwefelgewölbern, worein man 50 bis 100 Pfund Waa-

re

re auf einmal hinein hängen kann. Hat man im Gegentheil nur wenig Waare zum Weiß machen, so muß man nach Verhältniß des Raums die Portion des Schwefels verdoppeln, und man wird bey weniger Waare seinen Endzweck doch nicht so gut erreichen, als wenn man viel Wolle auf einmal zu schwefeln hat.

Will man Zeuge schwefeln, die gleich darnach sollen zugerichtet werden, so thut man wohl, wenn solche gleich nach dem Waschen mit weißer Stärke gestärkt, und dann erst in das Schwefelgewölbe gehängt werden, weil die Stärke selten so weiß ist, als daß der Schwefeldampf, solche nebst der Waare, nicht zugleich noch weißer machen könnte. Diese gestärkte Waare wird nach dem Schwefeln getrocknet, dann gemangt oder gepreßt.

In Tuch= und Zeugfabriken werden öfters von beyden Gattungen Bestellungen von weiß geschwefelten Waaren gemacht, die man nennt. Dieses Weiße hat einen sehr schwachen blauen Schimmer, welcher der Waare weder mit gekochter Stärke, die mit blauer Schmolte vermischt ist, noch auf eine andere Art so leicht gegeben werden kann, daß die Waare nicht streifigt oder fleckigt davon wird. Es wird vielleicht manchem ein Dienst dadurch geschehen, wenn ich hier eine deutliche Anweisung gebe, wie Tücher für das Militär, und Zeuge für Klöster, oder zum Unterfutter, schön gleichförmig und dauerhaft perlweiß gemacht werden sollen.

Tücher und Zeuge, welchen man einen schwachen blauen Schimmer geben will, müssen vorher nach beschriebener Art geschwefelt werden; ist dieses geschehen, so wird die Waare in lauh warmen Wasser gut naß gemacht, und in einem hölzernen Geschirr, oder wohl gereinigten Kessel, ein kaltes Bad von reinem Wasser zubereitet; in dieses Bad wird so viel von der aus der Indigtinktur zubereis bereiteten blauen Farbe geschüttet, bis das Bad dunkel perlfarb, beynahe Himmelblau aussiehet; man schüttet noch zu jedem Stück Tuch, welches 24 Pfund wägt, höchstens 24 Loth Scharlachkomposition (auf jedes Pfund Waare 1 Loth Scharlachkomposition gerechnet) darzu, und rührt das Bad gut unter einander, worauf die Waare hinein gebracht, und über die Winde so lange bewegt wird, bis sie genug blauen Schimmer erhalten hat. Hierdurch bekommt die weiß geschwefelte Waare eine sehr angenehme schwache Perlfarbe, die ziemlich beständig ist, und von der Luft nicht so leicht abschiesset. Will man aber diese blasse Perlfarbe noch beständiger machen, als sie gewöhnlich ist, so wird solche im kalten Farbbade noch einmal so dunkel gemacht als sie bleiben soll, und richtet darauf in einem rein gemachten Kessel ein neues Bad zu, welches so heiß ist, daß man die Hand kaum darinn leiden kann, und schüttet auf 1 Stück Tuch, 1 bis 1½ Pfund aufgelöste Seife darzu; in dieses Seifenbad wird das Tuch von neuem gebracht, und so lange darinn hin und wieder bewegt, bis sich von der perlblauen Farbe so viel abgezogen hat, daß es seine rechte Farbe, wenn es getrocknet wird, behält. Durch dieses gelinde Alkali der Seife, wird die Säure des Vitriolöls (welches alle Farben, die daraus verfertiget werden, bald abschiessend macht) dermaßen vermindert und unschädlich gemacht, daß diese perlblaue Farbe lange Zeit an der Luft unverändert bleibt.

Die Zubereitung der blauen Farbe aus der Indigtinktur, die zu dieser Perlfarbe erfordert wird, und wovon hier oben Erwähnung geschehen, kann unter dem Capitel der Sächsischblauen Farbe, wo deren Zubereitung zur kalten Färberey deutlich beschrieben worden, nachgesehen werden.

Man hat in Tuchfabriken noch eine andere Methode, die perlweißen Tücher zu Officiersuniformen zu verfertigen, welche ebenfalls sehr gut ist. Da sie aber nicht jedem Tuchfabrikanten bekannt seyn dürfte, so will ich auch dieses zweyte Verfahren mittheilen. Bekanntermaßen wird so wohl in Tuch- als

Zeug-

Zeugfabriken die rohe Wolle, so wohl nach Graden der Feinheit als der weißen Farbe sortirt. Es versteht sich daher von selbst, daß zu Tüchern, die zu weißen Uniformen bestimmt sind, die allerweißeste Wolle ausgesucht, und besonders gesponnen wird. Wenn nun von solcher zu weiß bestimmten gesponnenen Wolle, die Kette oder der Aufzug (Schweif) zu einem Stück Tuch zugerichtet wird, so darf man nur zwischen die groben härenen Ende- oder Leistenfäden, 4, 6 oder 8 dunkelblau gefärbte Fäden mit darunter nehmen, und von den andern härenen Fäden so viel dafür weglassen. Diese dunkelblaue Fäden müssen aber lediglich nur aus der Waydküpe mit Indig, ohne alle Blau- und Rothholzbrühe gefärbt seyn, weil letztere Zusätze, in der Folge schädlich seyn würden. Diese blauen Endefäden, ob sie schon ächt und fest gefärbt sind, theilen doch bey der Walke, besonders wenn Seife darzu gebraucht wird, dem Tuch so viel von ihrer Farbe mit, daß das Tuch, wenn es auf der Walkmühle vollendet ist, recht schön hell perlfarb aussiehet; wird dasselbe hierauf geschwefelt, so erhält

es

es nicht nur seine vollkommene Weiße, sondern es bleibt über dieses so viel blauer Schimmer übrig, welcher sehr beständig ist, und den Preiß der Tücher oft erhöhet.

Diese Art, weiße, zu Uniformen bestimmte Tücher perlfarb zu machen, ist beynahe noch bequemer als die Erstere mit der blauen Farbe aus der Sächsischblauen Indigtinktur; nur wird beym Walken einige Vorsicht erfordert, daß dergleichen Tücher genugsam umgewendet werden, weil sie widrigenfalls fleckigt würden. Auch kann man weiße zu Uniformen bestimmte Tücher schön perlfarb machen, wenn man in eine große hölzerne Wanne, so viel lauh warmes Wasser schüttet, daß es über das Tuch, welches in der Folge hinein gebracht wird, zusammen geht. In dieses lauh warme Wasser schüttet man so viel von der Indigtinktur wie sie zur kalten Sächsischblauen Farbe zugerichtet wird, bis das Wasser satt perlfarb gefärbt ist; das Tuch wird darauf in die Wanne gethan, und durch einen Taglöhner mit bloßen Füßen unter öfterm Umwenden so lange getreten, bis

es

es durchaus eine egale Perlfarbe angenommen hat.

Da ich vorhin gesagt habe, daß zu hellen Farben öfters erforderlich ist, die Waare zu schwefeln, damit gewisse Farben hell und lebhaft genug hergestellt werden können, so ist nöthig hier anzuzeigen, wie derley geschwefelte Waare zum Färben geschickt gemacht wird. Bekanntermaßen ist der Schwefel allen Farben nachtheilig, und verursacht, daß keine Farbe in geschwefelte Waare gerne eindringt. Es ist daher eine Vorbereitung nöthig, die man

Das Entschwefeln

nennt; dieses geschiehet folgendergestalt: Man füllet ein reines geraumiges hölzernes Geschirr mit reinem kalten Wasser, und legt die Zeuge, so wie sie aus dem Schwefelgewölbe kommen, hinein, stößt solche anfänglich einige mal gut unter, daß sie überall

gleich

gleich naß werden, und das Wasser darüber steht. Nach 12 Stunden wird das Wasser abgezapft, und anderes darüber gefüllt; dieses läßt man wieder so lange darüber stehen, und darauf abrinnen. Wenn es die Zeit erlaubt, so kann man dieses Verfahren noch 1 bis 2 mal wiederholen, die Waare wird nur desto besser zu Annehmung der Farben vorbereitet, und wenn das Wasser recht klar und rein ist, wie es hierzu unumgänglich erfordert wird, so verliert die Waare nichts von ihrer Weiße. Das erste Wasser, welches abgelassen wird, hat einen starken Schwefelgeruch; das zweyte einen etwas mindern, und bey dem dritten oder vierten Wasser wird man fast gar keinen Schwefelgeruch mehr spüren, weil das Wasser alkalischer Eigenschaft ist, und die Schwefelsäure ausziehet, folglich die schädliche Würkung der letztern auf die Farben unwürksam macht.

Kleines

Wörterbuch

der

bey der Färberey gebräuchlichsten Kunstwörter, wie auch vieler in der Färberey vorkommenden Materialien, ihrer Entstehung und ihres Gebrauchs.

A.

Abkühlen, heißt bey der Färberey, kaltes Wasser in ein siedendes Alaun= oder Farbbad schütten, um die kochende Hitze desselben zu vermindern, ehe man die Wolle oder Zeuge hinein thut, wodurch zugleich verhindert wird, daß die Salz= oder Farbetheile sich nicht zu schnell an die Wolle oder Zeuge anlegen, und letztere ungleich oder fleckigt gefärbt werden.

Abrinnen, oder abtröpfeln, wird sowohl von der gesottenen als gefärbten Waare gesagt, welche man aus dem Kessel auf die Winde gebracht hat; diese läßt man jederzeit gut abrinnen, ehe sie von der Winde abgenommen und gelüftet wird, theils um nicht unnützer Weise etwas von der Farbbrühe zu verlieren, theils auch um die Hitze der Waare sich ein wenig vermindern zu lassen, um sie desto bequemer mit den Händen lüften zu können.

Abschäumen, absäumen, ist eine Beschäftigung der Färber, wenn sie den Gäscht, Schaum, und das Unreine, welches sich durch die in den Kessel gethanen Salze, auf die Oberfläche desselben erhebt, vermittelst eines mit Löchern durch=

schlagenen sogenannten Schaumlöffels, oder Besens, abschöpfen, damit das salzigte Sudbad, oder Farbbrühe von allen unreinen Theilen befreyet werde.

Abschießend, nennt man diejenige Farbe am Tuche oder Zeuge, welche von keiner festen Art ist, sondern in der Sonne und Luft abschießt, oder ihr erstes Ansehn verliert, und immer von Tag zu Tag sich heller trägt.

Absieden, sieden, heißt bey den Färbern, wenn sie die Wolle, Tücher oder Zeuge in einem mit reinem Wasser gefüllten Keffel, worinn verschiedene Salze, als: Alaun, Weinstein, Vitriol u. d. gl. zerschmolzen sind, eine oder zwo Stunden sieden lassen, um solche dadurch zu Annehmung und Festhaltung der Farben geschickt zu machen.

Alaun, Lat. Alumen, Fr. Alun, ist ein saures mineralisches Salz, von verschiedenen Farben, welches aus Frankreich, Italien, England, und von andern Orten her kommt. Es besteht aus einer Vitriolsäure, und einer besondern Erde, welche den Bolar- und Thonerden sehr gleich kömmt, und sich dadurch von andern unterscheidet, daß sie langsam und ohne Aufbrausen mit der Vitriolsäure gährt. Dieses Salz hat einen zusammenziehenden Geschmack. Es wird entweder als eine Ader unter der Erde angetroffen,

oder

oder aus mineralischen Wassern gekocht, oder, wie in England geschiehet, aus gebranntem Alaunstein gezogen. Was man in den Bergwerken findet, ist das natürliche, und davon giebt es dreyerley Arten, den Berg- Felsen- Stein- Eis- oder Kristallalaun, Lat. Alumen rupeum, oder glaciale, Alumen rochae, oder roccae, Fr. Alun de roche, oder de glace, den römischen Alaun, Lat. Alumen romanum, Fr. Alun de Rome, und den Haar- oder Federalaun, oder Alaunfedern, Lat. Alumen plumae, Fr. Alun de plume.

Der Alaun ist eins von den Hauptingredienzien beym Färben, und gleichsam die Seele bey der Färberey. Es giebt derselbe den Farben mehr Glanz und Lebhaftigkeit, er macht dieselben auf dem Zeuge dauerhaft, und thut eben dergleichen Würkung, wie das Gummiwasser. Er ist eine Art von einfressenden Mittel, welcher, wenn er auf den Zeug kömmt, die Farbe daselbst befestigt, sie bindet, und die feinsten Theilchen verhindert, daß sie nicht so leicht verfliegen können.

Alaun, römischer, oder romanischer, dieser sieht ein wenig röthlich aus, welches von etwas Eisenerde, die demselben beygemischt ist, herrührt, und welche man, um ihn rein zu haben, davon absondern muß. Ein Alaun, worinn sich Eisenvitriol befindet, ist zu hohen Farben untauglich, indem dieselben dadurch verdunkelt und verderbt werden. Der Eisenvitriol aber entdeckt sich im

Alaun, wenn man in eine Alaunsolution ein adstringirendes Infusum, z. B. von Galläpfeln, Thee u. d. gl. gießt, als welche davon sogleich schwarz wird.

Der Alaun wird auf vielerley Art mit schlechten Materien, mit gemeinen Salzen und anderm geringen Zeuge verfälscht. Er kann auch aus Kreide nachgemacht werden, wenn man sie mit Schwefelgeist eintränkt, und hernach in der Kälte zusammenfahren und dik werden läßt. Ein Käufer muß demnach darauf Achtung geben, daß er hell, weißlich, zusammenziehend und salzig sey, und dabey einen süßlichen und scharfen Nachgeschmack habe, und einen weißen Speichel mache. Diejenige Sorte also, welche diese Eigenschaften hat, ist die beste.

Wenn man daher den römischen Alaun rein genug erhält, oder ihn von seiner fremden Beymischung zu befreyen weiß, so ist er zur Färberey besser als jeder andere; vorzüglich zu Karmosin, Pompadour und andern rothen Farben. Zu den Sächsischblauen und grünen Farben hingegen, ist der Kommotauer und Sächsische Alaun besser, weil er weniger Kalcherde bey sich führt.

Der römische Alaun kömmt eigentlich nicht aus Rom, sondern von einem Orte in dem Erbtheile St. Peters, den man Aluniere, oder die Alaungrube nennt, ohngefähr 6 welsche Meilen gegen Nordost von Civitavechia, und eine Meile gegen Nordwest von dem Flecken Tolfa. Er

wird

wird in Steinen von unterschiedlicher Größe gefunden, davon die größten die Größe einer geschlossenen Faust nicht übersteigen, und gemeiniglich sind sie nicht größer als die Nüsse.

Anfallen, wird gesagt, wenn man die durch den Sud gehörig zubereitete Zeuge in die Farbbrühe bringt, und sich die Farbe schnell an die Waare anlegt und eindringt; so sagt man: die Farbe ist stark angefallen. Dieser Umstand, oder das schnelle Anfallen der Farbe kann sehr leicht vermieden werden, wenn man das Färbebad nur nicht kochend heiß macht, wenn die Zeuge sollen hineingebracht werden, oder dessen Hitze durch kaltes Wasser sehr mäßigt: denn Tücher oder Zeuge, welche in der Farbe stark anfallen, werden sehr leicht fleckigt, wenn sie nicht geschwind genug umgewendet werden.

Ansetzen, anstellen, wird bey der Färberey diejenige Verrichtung genannt, wenn man alle zu einer Küpe erforderlichen Zuthaten, als: Wayd, Potasche, Röthe, Kleyen und Indig, in die ausgeleerte und rein gemachte Küpe thut, und heißes Wasser, welches nahe am Sieden ist, darüber schüttet. Bey kupfernen Küpen wird das Wasser gleich in der Küpe erhitzt, und die Materialien werden dann darein gethan, wenn das Wasser anfängt heiß zu werden.

Ansott, Sud, Fr. Bouillon, ist diejenige Vorbereitung der Wolle und wollenen Waare, welche mit verschiedenen Salzen, als: Alaunweinstein u. d. gl. unmittelbar vor dem Färben vorgenommen wird, wenn man sie mit diesen zwo Stunden lang sieden läßt, wodurch Erstere zu Annehmung und Festhaltung der Farbe geschickt gemacht wird.

Arsenik, Giftmehl, Hüttenrauch, Rattenpulver, Lat. Arsenicum, Fr. Arsenic, ist eine mineralische Materie, gemeiniglich in großen, harten, schweren, zerbrechlichen, sehr weißen und glänzenden Stücken, von einem schwefelichen ätzenden Wesen, und ein starkes Gift. Es giebt desselben zweyerley Arten, den natürlichen und gekünstelten Arsenik. Der natürliche wird zuweilen, aber sehr selten, in einigen Kupferbergwerken angetroffen. Der gekünstelte aber wird aus einer Art des natürlichen Galmey, oder aus dem Steine, Kobold genannt, gezogen. Vor Zeiten haben die Färber den weißen Arsenik zu vielen Farben gebraucht; die Würkungen aber, die er bey der Färberey hervorbringt, sind noch nicht genug bekannt, daher wird solcher auch anjetzo von vielen vernünftigen Färbern für ein ganz entbehrliches Färbereyingredienz gehalten.

Auffrischen, heißt bey den Färbern, einer abgeschossenen Farbe die vorige Lebhaftigkeit wieder geben;

geben; dieses geschiehet oft auf die leichteste Art; z. B. wenn ein Zeug von pompadourrother Farbe abgeschossen ist, so darf solcher nur in lauh warmen Wasser naß gemacht, und eine Zeitlang im Potaschenbade, wo man andere Pompadourfarben vollendet hat, handthiert werden, so erhält er seine vorige Farbe wieder. Andere abgeschossene Farben werden ebenfalls wieder lebhaft gemacht, wenn sie in einem schwachen Farbbad eine Zeitlang handthiert werden.

Aufrühren, die Küpen aufrühren, ist eine Verrichtung der gemeinen Arbeiter, welche mit besonders hierzu verfertigten langen Krücken das Mark, welches sich zu unterst in den Küpen befindet, sorgfältig unter das Lautere mischen, wodurch die in derselben befindlichen salzigten Theile gleich vertheilt und ausgebreitet werden. Dieses Rühren ist bey der Waydküpe, so wie bey jeder andern Gährung, wenn sie in gehöriger gleichen Würkung soll unterhalten werden, sehr nothwendig.

Das Aufrühren ist auch bey allen Sud- und Farbbädern erforderlich, um die Salze sowohl als die Farbetheile in denselben gleich zu vertheilen, ehe die Waare hinein gebracht wird, wodurch nicht so leicht Flecke in der Waare entstehen können.

Auripigmentum, oder Operment, Lat. Arsenicum flavum, dieses wird entweder aus den Bergwerken gesammlet, oder durch Kunst zubereitet, nachdem es entweder von der Natur in der Erden aus dem Kobold und Schwefel, oder aus dem weißen Arsenik mit dem gelben Schwefel künstlich sublimirt wird, wovon das erste auch Realgar genennet worden; dieses ist gar unterschiedlich, und findet sich zuweilen sehr schön rein, gelb und glänzend als Gold, welches, so es in großen Stücken, mürb, und leicht zu zerbrechen ist, für das beste gehalten wird. Man erhält es gemeiniglich aus Venedig, bisweilen ist es hart, steinigt und kiesigt, auch mit rothen oder grünen Streifen untermenget, welches aber nicht viel tauget, daher bey den Materialisten gemeiniglich zwey Sorten, das gemeine und feine geführt werden, entweder in Stücken, oder auch pulverisirt. Man thut aber besser, wenn man solches in Stücken kauft, weil man von der Güte desselben besser urtheilen kann; indem unter dem Pulver sehr viel Betrug mit unterläuft Dieses Materiale hat in der Wollefärberey gar keinen Nutzen. Desto unentbehrlicher ist es bey der Leinen- und Baumwollen-Färbe- und Druckerey, wo es zur kalten Küpe gebraucht wird, und der blauen Farbe, vermittelst seiner metallischen Theile, einen schönen Glanz giebt.

Ausspühlen, spühlen, waschen, wird gesagt, wenn man Tücher, Wolle oder Zeuge, welche durch das Sieden mit verschiedenen Salzen sind vorbereitet worden, vor dem Färben in fliessendes Wasser wirft, und sie nach und nach wieder aus dem Wasser heraus auf einen Tisch ziehet, wodurch dasjenige von den Salzen, was nicht fest an der Wolle hängt, abgewaschen wird, damit es sich in der Folge nicht mit dem Farbbade vermengt, und die Farbe zu sehr verdünnt und fehlerhaft macht.

Das Ausspühlen geschieht auch, wenn Wolle, oder wollene Waare in der Farbe ganz fertig ist, wodurch dasjenige von der Farbe, so sich nicht recht fest gesetzt hat, als überflüßig weggeschaft wird. Durch dieses Ausspühlen in kaltem fliessenden Wasser wird die zurückbleibende Farbe gleichsam noch mehr befestigt, indem die durch das heiße Farbbad erweiterte Faßern der Wolle, zusammen gezogen werden, daß sie die eingeschlossenen Farbetheilchen nicht so leicht wieder von sich geben.

B.

Bad, Fr. Bain, heißt bey den Färbern ein Kessel voll Wassers, und zum Färben dienlicher Ingredienzien, in welchem man die Zeuge, die man färben will, kocht, oder einweichet. Also sagt man: Ein Bad von Färberröthe, von Cochenille, ein Alaun=

Alaunbad. Es giebt auch Halbbäder. Man sagt, der Zeug habe das Bad gut angenommen, wenn er alles an sich gezogen hat, oder die Farbe, die in dem Kessel war, angenommen hat.

Blau, blaue Farbe, **Lat.** Coeruleus, glaucus, **oder** Caesius color, **Fr.** Bleu, ist die erste unter den 5 Farben, welche die Färber ursprüngliche nennen, und zwar deswegen, weil sie der Grund von allen denen sind, so man auf die Zeuge bringen kann, sie mögen seyn, von was für einer Art sie wollen. Es ist die blaue Farbe auch diejenige Farbe, welche am schwersten zubereitet werden zu können scheint, und mithin viele Aufmerksamkeit bey ihrer Zubereitung erfordert. Nachdem sie lichter oder dunkler ist, bekömmt sie verschiedene Zunamen, da sie 1) Bleich- oder Blaßblau, bey dem gemeinen Manne Blümerant, **Lat.** Coeruleum obscurum, **Fr.** Bleu blanc, Bleu naissant, Bleu pâle, **oder** Bleu mourant, 2) Himmelblau, **Fr.** Bleu celeste, **oder** Bleu mignon, (ein Hochblau, welches einigermaßen ins Graue fällt,) 3) Dunkel- oder Hochblau, **Fr.** Bleu turquin, (noch etwas dunkler als Himmelblau; ein Blau, das ungefähr die Türkisfarbe hat,) 4) Violblau, Violet, Taubenblau, **Fr.** Bleu foncé, heißt. Das Himmelblau ist nebst dem Grünen dem menschlichen Auge die angenehmste Farbe, weil sie ein gemäßigtes Licht bey sich haben, und also dem

Augapfel

Augapfel nicht allzu empfindlich rühren. Bey den Maroccanern ist blau die gewöhnliche Trauerfarbe.

Blau, Sächsisch, Lat. Coeruleum saxonicum, ist eine helle himmelblaue Farbe, die durch die allerstärkste Säure des Vitriolöls, aus dem Indigo gezogen, und durch Alaun und Weinstein auf Wolle und Seide gefärbt wird; sie ist ohngefähr um das Jahr 1744 von einem Juristen, Namens **Barth**, welcher in der Chymie arbeitete, zu Großenhayn in Sachsen erfunden worden. Wenn diese blaue Farbe eben so vollkommen fest wäre, als sie schön ist, so wäre sie unter allen blauen Farben die vollkommenste.

Blauen, einblauen, heißt die zu blau bestimmte Waare, wenn sie in heißem Wasser recht naß gemacht ist, in der Wayoküpe blau färben. Dieses Blaufärben aber weichet in der gewöhnlichen Färbemanipulation darinn ab, daß auf der Waydküpe keine Winde gebraucht werden darf, worüber man die Waare hin und wieder bewegt; sondern das Blaufärben in der Küpe geschiehet mit kleinen eisernen Haken, an welchen sich drey abwärts gebogene scharfe Spitzen befinden; mit diesen Haken, wovon jeder Arbeiter zwey in Händen hat, werden Tücher und Zeuge von einer Seite der Küpe auf die andere gezogen, oder gehäkelt, wodurch solche die Farbe eben

eben so gleich annehmen, als wenn sie in andern Farben über die Winde bewegt werden.

Blauer, heißt derjenige, welcher sich bey der Färberey mit keiner andern als der blauen Farbe beschäftiget, die Küpen ansetzt, und sie in gutem Stande erhält. In den mehresten Färbereyen ist dieses die Verrichtung der Schönfärbergesellen, welche wenigstens eine Küpe anzustellen und wohl zu regieren verstehen müssen, wenn sie ausgelernt haben; von den übrigen Kesselfarben müssen sich viele Färbergesellen erst in der Fremde die nöthigen Kenntnisse erwerben. Man sagt insgemein von demjenigen, welcher eine Küpe nicht nur anzustellen, sondern auch in gutem Stande zu erhalten weiß: Er ist ein guter Blauer.

Blauholz, Campecheholz, Campescheholz, Indianischholz, Lat. Lignum Campechianum, Fr. Bois de Campeche, Bois d'Inde, Achou, Achourou, Laurier aramatique, ist eine Art Farbeholz, welches in Europa in großem Werthe steht. Nach den Reisebeschreibungen ist es das innerste Kernholz eines dicken und großen amerikanischen Baumes, der am häufigsten bey Campesche, auf der Halbinsel Yucatan, in Neuspanien, und auf der Insel Jamaika (daher es auch Jamaikaisches Holz, Lat. Lignum Jamaicense, Fr. Bois de la Jamaïque heißt,) und St. Croix angetroffen wird. Der Baum, wovon man dieses Holz erhält, ist die Cösalpina Sappan, Linn.

Sonst

Sonst wird gemeiniglich das Hömatoxylon Campechense Linn. für das Campescheholz gehalten. Die Rinde dieses Baumes ist dünn, glatt und silberfärbiggrau: die Blätter sind aromatisch, und sehen ungefähr wie die Lorbeerblätter aus; die Frucht besteht in kleinen ovalen violetten saftigen Beeren, welche Traubenweise bey einander hängen, einer Erbse groß sind, und einen grünen Nierenförmigen Saamen enthalten, welcher einen scharfen aromatischen Geschmack, aber einen lieblichen Nelkengeruch hat. Die Engländer nennen ihn All spice, und die Franzosen la graine de quatre epices.

Das Campescheholz wird häufig bey den Färbern gebraucht. Man bedient sich dessen bey dem Schwarzfärben, und gebraucht es zu verschiedenen Schattirungen von Purpur, Violet, Blau, Grau, und andern dergleichen dunkeln Farben. Nur sollte es billig, weil die Farbe nicht allerdings beständig ist, nicht zum Schönfärben, als eine Verfälschung ächter Farben, genommen werden. *) Es unterbleibt aber nicht, weil man aus demselben, vermittelst verschiedener Salze und mancher Zurichtungen, eine Menge Farben und Schattirungen erhält, die aus den Materien zum Schönfärben nur mit vieler Mühe

*) Rescript an die Churmärkische Kriegs- und Domainenkammer, das Färben der weißen Tücher mit blauen Holze nicht gestatten zu lassen. Berlin den 3ten May 1758.

Mühe erhalten werden. Wenn man sich dessen zum Färben bedienen will, muß man es in kurze Klötze schneiden, zu Spähnen hobeln oder raspeln lassen, und dieselben in einen Sack thun, damit der Zeug durch das Anhängen dieser Spähne nicht zerrissen oder fleckigt werde.

Braun, braune Farbe, Lat. Fuscus, subniger, Fr. Brun oder Fauve, ist die vierte von den in der Färberey bekannten Hauptfarben. Anfänglich wurde diese meistens nur aus dem Sandelholze gefärbt: da sie aber nicht viel Lebhaftigkeit hat, so werden heutiges Tags die mehresten braunen Farben aus der Rothen und Schwarzen zusammen gesetzt, und aus dem Verhältniß der beyden Letztern entstehen die verschiedenen Namen, als: Kaffee- Kastanien- Kirsch- Nägelein- Nuß- Tannet- Violen- Weinhefen- Zimmetbraun, u. s. w. Die braune Farbe wird nur sehr selten zu gemischten Farben gebraucht.

Braun, (Tannet) Lohfärbig, Fr. Tanné, nennet man eine röthliche braune Farbe, welche den Zeugen und Tüchern durch Vermischung blau und roth, oder roth und falb, roth und schwarz, falb und schwarz, ingleichen gelb- falb- und schwarzfärbender Farbzeuge gegeben wird.

Braun, (Kaffee) wird erstlich aus Krapp und Galläpfeln oder Sumak roth gefärbt, und mit grünen

grünen Vitriol dunkel gemacht. Soll es in das Gelbe fallen, so wird unter die Krappbrühe ein proportionirter Antheil ausgekochte Gelbholzbrühe gethan.

Braune Farbe aus dem Gewächsreiche. Dergleichen liefern die grünen fleischichten Schalen von reifen Wallnüssen, (wällschen Nüssen) die Wurzeln, Rinde und Blätter von Wallnußbäumen, die Birken- und Erlenrinde, das Sandelholz, (Caliaturholz) der Sumak, die Nopper, Galläpfel u. s. w.

Brasilienholz, vulg. Bresil, Lat. Brasilium, Fr. Bois de Brésil, ist ein dunkelrothes, und zum Theil gelbbraunes Holz, sehr hart, und eines süssen Geschmacks, kömmt über Lissabon, England, Holland aus Brasilien. Der Baum wächst in unterschiedlichen brasilianischen Provinzen hie und da zwischen andern Bäumen, hat einen sehr dicken Stamm, lange Aeste, voller grünen und glänzenden Blätter, trägt rothe und wohlriechende Blumen, und nach diesen eine Hülse, mit zwey platten Körnern. Es giebt verschiedene Arten dieses Holzes; das beste ist das Fernambuck, welches, weil es in der Gegend der brasilianischen Stadt Fernambuco wächst, und den Namen davon erhalten hat. Die andere Art dieses Holzes ist das Japanische, und das dritte das von Lamon, und endlich hat man auch noch eine andere Art Brasilienholz, welches von den antillischen Inseln kömmt, welches aber nicht so gut als die andern drey Arten ist, und auch bey den Materialisten schlechtweg Rothholz genannt wird. Es wird dieses Holz in großen Stücken her zu uns gesandt, und nachher mit einer sehr dicken Säge oder Raspel zu lauter Spähnen geschnitten, oder mit einem besonders hierzu verfertigten Hobel in sehr dünne Spähne gehobelt, oder auf ordentlichen Farbholzmühlen zu sehr dünnen Splittern gemahlen, bey letztern aber läuft oft mancher Betrug mit unter, daher vorsichtige Färber das Gehobelte allen andern vorziehen, besonders wenn sie Gelegenheit und Vermögen haben, sich solches selbst hobeln zu lassen.

Bräunen, abdunkeln, wird gesagt, wenn man braune Farben mit Blauholz und Röthe oder Eisenvitriol vollendet, dunkler macht, und zur verlangten Schattirung bringt.

Brühe, Fr. Bouillon, heißt bey den Färbern das Sieden der Wolle und wollenen Zeuge im Wasser, worein man Alaun und Weinstein gethan hat, als eine nöthige Vorbereitung, ohne welche sie nicht roth oder gelb gefärbt werden können. Man sagt auch Blau- Roth- Gelbholzbrühe, worunter man die von diesen Farbhölzern abgekochte Holzsuppe versteht.

Blume, wird von den Färbern der sehr dunkelblaue mit einem kupferfärbigen Glanz vermischte leichte Schaum, welcher sich auf dem Bade der Waydküpe befindet, genannt, und wird als ein Kennzeichen betrachtet, daß eine Küpe in gutem Stande sey, wenn sich viel von solchem blauen Schaum auf der Oberfläche derselben zeigt.

C.

Caliaturholz, (Sandelholz,) Lat. Lignum santalum, davon giebt es verschiedene Gattungen, als erstlich weiße und gelbe. Diese beyde entspringen von dem Stamm eines ostindianischen Baums, Sarcanda genannt, dessen auf der Insel Timor ganze Wälder voll zu finden sind. Dieser Baum hat an dem äußersten Theil des Stamms unter der Schale ein weißes, mitten aber ein gelbes Holz, von welchen jenes der weiße, dieser aber der gelbe Sandel genannt wird. Das weiße Sandelholz ist ein hartes, schweres und bleiches Holz, welches in Stücken zu uns gebracht wird, hat einen bittern und aromatischen Geschmack und Geruch; das schwere ist das beste.

Das rothe Sandelholz, Lat. Lignum santalum rubrum, ist der holzigte Kern eines Stammes, der sehr hart, dicht und schwer, einer dunkelrothen Farbe, eines zusammenziehenden Geschmacks, aber ohne Geruch. Es wird von den Holländern gewöhnlich Caliatur- oder Coleaturholz genannt, und in das feine oder gemeine eingetheilt. Dieses letztere wird gewöhnlich mit etwas wenigem vom gelben Sandelholze vermischt, und sehr fein gemahlen nach Deutschland gebracht, welches gemahlener Sandel genannt, und zum Braunfärben gebraucht wird.

Man hat auch noch eine Art blau Sandelholz, Lat. Lignum nephritiтum, Grießholz, welches von der ersten Art sich darinn unterscheidet, daß, obgleich solches von Natur bleichgelb ist, es doch, wenn es ins Wasser gelegt wird, solches blau färbet, kommt aus Amerika, und wächst in der Gegend von Mexico.

Cochenille, Koschenille, (vulgo Conschenille) Ital. Coccionella, Fr. Cochenille, und von den Türken Cormeti genannt, ist eine köstliche rothe Purpurfarbe. Sie ist (so wie man sie aus Mexico, dem einzigen Lande, woher man sie zu uns bringt, bekommt) wie kleine Körnchen gestaltet, aber von ziemlich unordentlicher Figur, jedoch gemeiniglich auf einer Seite etwas erhaben, worauf man gleichwohl gewisse Krümmungen wahrnimmt, und auf der andern wie ausgehöhlt; innerlich purpurfärbig, und äußerlich bald schwärzlichroth, bald aschgrau, mit etwas roth vermischt. Ihr Umfang kömmt einer runden Figur bey, nur daß sie öfters einige Vertiefungen hat, die auf unterschiedenen Körnern mehr oder weniger gezeichnet sind. Kurz, man findet

findet an diesen Körnern alle Arten von Unförmlichkeiten, welche ein Körper, der erstlich weich gewesen ist, nachher, wenn er austrocknet, annehmen kann.

Daß diese Körner nicht ein amerikanisches Gewächs, oder Saamenkorn von einer Pflanze, ob es gleich im Spanischen Grana genannt wird, sondern vielmehr ein Insekt und Wurm seyn, ist nunmehr außer Zweifel. Da man diese Körner in Mexico von Pflanzen sammlet, so hat man sie in Europa lange Zeit für Pflanzentheile gehalten. Ein Holländer, Melchior Ruuscher, behauptete im Jahr 1725 gegen einen seiner Freunde, daß die Cochenille aus dem Thierreiche, und ein Wurm wäre; dieser aber wollte sich seine alte Meynung, daß sie zum Pflanzenreiche gehöre, nicht benehmen lassen. Beyde schlugen daher eine große Wette an, erwählten eigene Schiedsrichter, und ließen, mit Bewilligung des spanischen Statthalters in Mexico, acht mehrentheils ansehnliche Personen eidlich verhören, was sie von der Wartung und Fortpflanzung der Cochenille wüßten, und diese Aussage wurde vor dem Gerichte der Hauptstadt des Bißthums Oaxaca in Neuspanien, Antiquera, wo die Cochenille am häufigsten gesammlet wird, niedergeschrieben.

Es ist daher ungezweifelt, daß die Cochenille kleine Insekten sind, welche leben, gehen, aufwärts kriechen, von Nopalen, die indianische

Feigenbäume, welche die Kräuterkenner Opuntia nennen, ihre Nahrung suchen, und Junge zeugen, welche so groß sind, als die junge Mieten, Augen, Maul, Säugerüssel und Füsse haben, ihres Gleichen zeugen, und, wenn sie ausgewachsen, an Gestalt und Größe mit bloßen Augen den Wanzen einigermaßen ähnlich sind, nur daß sie weniger beweglich, und ihre Füsse, die so fein wie ein Haar sind, allezeit unter den Leib eingezogen halten.

Cremor Tartari, (Crystalli Tartari) Weinsteincrystallen oder Blumen, werden bereitet, wenn man den rothen Weinstein in Wasser siedet, und entweder die oberste und salzigte Haut abschäumet, oder das übrige zu Crystallen anschießen lässet. Die besten sind die, so in großen weißen durchscheinenden Crystallen kommen, auch nicht viel kleinen Unrath untermischt haben. In der Wollenfärberey wird der Cremor Tartari zart gepülvert, zu allen hellen Farben mit großen Vortheil gebraucht.

Creuzbeere, Fr. Grains d' Avignon, heißen die zur gelben Farbe dienlichen Beeren des Färberwegedorns, welche man in Avignon, wie auch in andern Gegenden des südlichen Frankreichs, und auch bisweilen in Deutschland, an steinigten Orten, besonders zwischen den Felsen sammlet, trocknet, und zum Gebrauch für die

Mahler

Mahler und Färber verkauft. Die Mahler bereiten eine grüne Farbe daraus, welche sie Saftgrün nennen. In der Färberey werden solche bisweilen zum Gelbfärben, besonders aber zum orangiren der Scharlachfarbe gebraucht, worzu aber die Curcume viel bessere Dienste thut, weil sie eine viel reinere gelbe Farbe giebt, die keinen grünlichen Schimmer hat.

Curcume, Curcuma, Curcumey, Gurkumey, Schwalbenwurz, babylonischer oder indianischer Saffran, gelber Ingber, Mülleringber, Gelbwurz, Gelbsuchtwurzel, Gilbwurzel, die gelbe Wurzel eines ostindianischen Gewächses, welche in der Landessprache Caha oder Kua genannt, und sowohl in der Färberey, gelb damit zu färben, als auch in der Arzney gebraucht wird. Es sind von diesem Gewächse zwo Arten bekannt.

1) Die lange Gelbwurz, Curcuma, s. Terra merita officinarum, radice crocea, J. B. Curcuma radice longa, Herm. Curcuma foliis lanceolatis utrinque acuminatis, nervis lateralibus numerosissimis, Royen. Curcuma longa, Linn. Aus der langen knolligen, der Breite nach gestellten, mit Gelenken versehenen, äußerlich blaßen, innerlich saffrangelblichen Wurzel, insonderheit aus den Gelenken treiben unterwärts kleine Fäserchen, oberwärts aber lange blätterige Stiele, welche, indem sie einander umfassen, gleichsam einen Stengel machen, und

hernach in breite, zugespitzte oder lanzenförmige, fast dem Blumenrohre ähnliche Blätter sich verwandeln, auf deren Oberfläche viele von der Mitte gegen den Rand gerichtete Nerven wahrzunehmen sind. Aus einem andern Theile der Wurzel, und gemeiniglich aus den jungen Knollen, kommen andere besondere Stängel, welche unterwärts nacket sind, und oberwärts sich mit einer blätterigen Aehre endigen. Es sind nämlich viele grünlichröthliche, platt aufsitzende, zugespitzte, schuppenweise übereinander liegende Blätter oder Scheiden, aus welchen nach und nach die purpurfarbigen, einblättrigen Blumen hervor kommen. Das Blumenblatt ist in vier Einschnitte getheilt; (andere nehmen vier besondere Blumenblätter an) deren drey einander ähnlich, schmal und spitzig sind, der vierte aber größer ist. Den letztern hält Linne für ein Honigbehältniß, und eignet dem Blumenblatte nur drey Einschnitte zu. Man sieht auch fünf Staubfäden, wovon aber vier unfruchtbar sind, und nur einer einen Staubbeutel trägt. Unter der Blume sitzt der rundliche Fruchtkeim, dessen einfacher Griffel sich mit einem hackenförmigen Staubwege endigt. Die trockne Frucht hat drey Fächer, öffnet sich mit drey Klappen, und enthält viele rundliche schwarze Saamen.

2) Die runde Gelbwurz; Turmeric mit der runden Wurzel, Curcuma foliis ovatis utrinque acuminatis nervis lateralibus paucissimis, Royen.

Cur-

Curcuma rotunda, foliis lanceolato-ovatis nervis lateralibus rarissimis, Linn. ist dem Ansehen nach der vorigen völlig ähnlich; die Blätter sind nur etwas unterschieden, nämlich mehr ey-als lanzenförmig, und mit sehr wenigen, nach den Seiten hin laufenden Nerven bezeichnet. Die Wurzel ist rundlich und knollig, kömmt sonst mit der vorigen überein; da sie aber weniger Gewürzhaft, und mithin auch weniger würksam ist, wird sie auch selten, und fast allein die lange gebrauchet. Durch Auslaugen, Reinigen und Trocknen läßt sich ein Mehl daraus bereiten, welches dem Sagumehle gleich kömmt.

Beyde Arten wachsen in Indien, insonderheit in Malabar, Ceylon, und den Molukischen Inseln; ja, es ist fast kein Garten in Orient zu finden, wo sie nicht gebauet würde. In unsern Gärten hingegen wird man sehr selten dergleichen Pflanzen antreffen, daher ich auch von der Wartung nichts erwähne.

Die lange, wie solche bey den Materialisten zu haben ist, ist eine längliche, höckerige, krumm gebogene, fingers dicke, knollige, schwere Wurzel, äußerlich grünlich, innerlich, wenn sie frisch ist, ganz saffrangelb, außerdem aber, wenn sie alt ist, viel röther; daher auch einige daraus zwo Sorten, die gelbe und rothe machen. Die beste soll frisch, harzig, schwer, und nicht wurmstichig seyn. Der Geruch ist etwas Gewürzhaft, aber unangenehm, der Geschmack bitterlich und etwas scharf.

Die frische und grüne Wurzel enthält etwas Campherartiges, wie auch goldgelbes Oel, welches einen starken Geruch und Geschmack hat. Dieses Oel, und die schleimigen, harzigen Bestandtheile sind auch in der trocknen Wurzel wirksam genug; und sie besitzt eine Kraft gelinde aufzulösen, zu zertheilen, zu reinigen und auszuführen; daher man dieselbe bey Verstopfung der Eingeweide vorzüglich empfohlen, auch besonders in der Gelbsucht angepriesen hat. Da der Urin bey dem innerlichen Gebrauche davon gelb gefärbet, und häufiger abgeführt wird, kann sie auch in der Wassersucht dienlich seyn. Man kann sich derselben in Pulver, Latwergen und Pflastern bedienen. Die Apotheke hat 1) die ganze und 2) die gestossene Wurzel, wie auch 3) die Essenz und 4) die Species.

Cobold, Kobold, Lat. Cobalthum, ein Mineral, ist ein grauer, auch von andern Farben mit weißen Kieß unterwachsener Stein, welcher in der Chymie verschiedentlich, besonders aber zu Verfertigung der bekannten blauen Farbe, Smalte genannt, gebraucht wird. Verschiedene Chymisten haben angerathen, daß man den Kobold zur Sächsischblauen und grünen Farbe nehmen sollte; vielleicht haben sie geglaubt, daß dessen enthaltene blaue Farbe, zur Vermehrung und Verschönerung der Sächsischblauen etwas beytragen könne. Man hat aber durch ange-

stellte

stellte Versuche gefunden, daß der Kobold zu diesem Gebrauch der Farbe mehr schadet, als Nutzen bringt, daher ist solcher auch bey der Wollefärberey ganz entbehrlich.

E.

Einhalten, unterhalten, untertauchen, heißt, die Waare, die in den Färbekesseln über die Winde getrieben wird, mit glatten hölzernen Stäben in das Bad stoßen, daß sie überall von der Farbe bedeckt wird, und nicht so leicht Flecken annimmt, welches doch sehr leicht geschehen könnte, wenn dieses Untertauchen eine Zeitlang unterlassen würde. Wenn Tücher oder Zeuge in Kesseln gesotten werden, ist es unumgänglich erforderlich, daß ein oder zween Helfer mit ihren Stäben dabey stehen, um die Waare, wie sie durchs Kochen in die Höhe getrieben wird, einzuhalten, oder unterzutauchen, damit sie immer mit dem Bade befeuchtet wird.

F.

Fernambuck, Fr. Bois de Fernambouc, siehe Brasilienholz.

Filtriren, seihen, ist eine chymische Verrichtung, wodurch verschiedene flüßige trübe Auflösungen oder Wasser klar gemacht werden. Das gewöhnliche Filtriren der Färber bestehet darinn: daß sie den untersten Bodensatz von der Scharlachlackkomposition, welcher durch die geringste Bewegung einen Theil der noch klar und brauchbaren trübe macht, durch besonders hierzu verfertigte Filzhüte, welche inwendig mit Fließpapier belegt werden, so oft filtriren, bis sie solche klar genug und brauchbar finden. Auch das Flußwasser, welches zu Verfertigung der Scharlachkomposition gebraucht wird, muß bey Regenwetter, wenn man es nicht klar haben kann, auf diese Art filtrirt werden.

Filtrirhut, Seighut, ist ein aus grober Wolle vom Hutmacher verfertigter Filz, welcher die Form eines Zuckerhutes hat; ist bey der Färberey zu vorstehender Verrichtung unentbehrlich.

G.

Gallus, Galläpfel, Lat. Gallae, Fr. Noix de Galle, sind nichts anders als ein Nebengewächs, welches sich gleichsam wie Warzen auf die Blätter des Eichbaums setzet, und von der unreinen Feuchtigkeit so daraus dringet, gezeuget wird. Es giebt sehr viele Gattungen der Galläpfel, als: kleine und große, schwarze und weiße, glatte und knollichte, schwere und leichte, sorianische nnd aleppische, schmyrnische, trypolische und puische; man führt aber fast immer nur zwo Sorten davon, nämlich die Türkischen (worunter alle übrige oben beschriebene Sorten stecken) und den

puisch

puisch Gallus. Die Färber brauchen am liebsten den schwarzen.

Gelb, ist die dritte von den bekannten 5 Hauptfarben. Die Materien, welche zu dieser Farbe gebraucht werden, sind bereits bey Beschreibung der gelben Farben angezeigt worden.

Gelbholz, diese Benennung führen zweyerley Arten von Holz, welche insgemein mit einander verwechselt werden.

1) Diejenige Art, welche unsere Färber in großer Menge verbrauchen, und welche auch Fustikholz, bey den Spaniern Morita, bey den Holländern Stockvischhout, Engl. Fustik-Wood, genannt wird, kömmt von einem Baum, den man in Jamaika und Brasilien wild findet. Dieser Baum wird in dem Lande, wo er ursprünglich zu Hause ist, über 16 und mehr Fuß hoch. Er hat eine hellbraune Rinde, die einige seichte Furchen hat. Das Holz ist fest, und hat eine glänzende schwefel- oder citrongelbe Farbe. Er treibt auf allen Seiten viele Zweige, die mit einer weißen Rinde bedeckt, und mit ungefähr 4 Zoll langen Blättern besetzt sind. Dieselben sind an ihrer Basis breit, und an dem Stiele gezähnt, woselbst sie zugerundet sind; doch ist eine Seite breiter als die andere, so daß sie gegen den Stiel zu, schief stehen. Sie nehmen Stufenweise ab, und endigen sich mit scharfen Spitzen. Sie sind gleich

gleich den gemeinen Maulbeerblättern rauh, haben eine dunkelgrüne Farbe, und stehen auf kurzen Stielen. Gegen das Ende der jungen Zweige zu, kommen kurze Kätzlein heraus, die eine bleiche, graßartige Farbe haben; und an andern Theilen eben dieses Zweiges, wächst die Frucht auf kurzen Stielen. Sie ist von der Größe einer Muskatennuß, rundlich und voll Erhöhungen, wie die gemeinen Maulbeeren, in- und auswendig grün, und hat, wenn sie reif ist, einen ekelhaften süßen Geschmack. Dieser Baum ist dermaßen zart, daß er bey uns nicht fortkommt, wofern er nicht in einem warmen Glashause gehalten wird. Der Same geht auf den Mistbeeten gern auf; und wenn die Pflanzen zum Versetzen tüchtig geworden sind, muß man sie einzeln in besondere, mit frischer Erde angefüllte Töpfe setzen, in ein Lohbeet einsenken, und im Schatten erhalten, bis sie frische Wurzeln geschlagen haben. Alsdann muß man sie eben so behandeln, wie andere Pflanzen aus diesen heißen Ländern; man muß sie nämlich beständig im Lohbeete in einem Glashause erhalten, wo sie ihre Blätter, den größten Theil des Jahrs hindurch, behalten.

Wenn man sich dieses Gelbholzes zum Färben bedienen will, muß man es zu dünnen Spähnen raspeln oder hobeln lassen, und die Spähne in einen Sack thun, damit dieselben sich nicht an die Waare hängen, und dieselbe zerreißen oder schadhaft machen.

2) Den

2) Den Namen Gelbholz führt auch das sonst sogenannte Fustet, oder gelbe falsche Brasilienholz. Der Baum oder vielmehr Strauch, von welchem dasselbe kommt, hat dem Namen Färberbaum, mit dem Gärberbaum (Rhus Coriaria Linn.) gemein, Cotinus Coraria Dod. et du Ham. Cocconilea s. Coccygria Bauh. Rhus racemis plumosis, foliis avatis Hall. Rhus cotinus, foliis simplicibus obovatis Linn. Cotinus foliis obverse ovatis Hort. Cliff. Royen et Gronon. Fr. Coquefigrue, Coccigrue, Fustet, Engl. Venice Sumach, or Coccigria. Herr du Roi in Harbke, hat diesem Baume wegen der rauhen Bekleidung seiner Saamen, den Namen Perrückenbaum gegeben. Man findet ihn wild in den Morgenländern, in Spanien, in der Lombardey, am Fuße der Appenninischen Gebirge. in Krain, in Hungarn und in der Schweiz. Die Blätter, welche auf 2 Zoll langen Stielen wechselsweise an den Zweigen befestigt sind, haben eine ovale Figur, sind am Rande ungezähnelt, in ihrem Baue dick und fest, auf beyden Flächen glatt, oben dunkelgrün, unten Meergrün. Durch die Mitte eines jeden Blattes läuft auf der untern Fläche eine gelbliche Ader, die nach den Seiten viele Nebenäste abschickt. Die kleinen grün gelben Blumen kommen im Junius und Julius in kleinen Büscheln am Gipfel der Zweige hervor. Sobald sie verblüht sind, und das kleine ovale plattgedrückte Saamenbehältniß ansetzt, werden die Stiele der abgefallenen Blumen, welche vorher

her glatt waren, mit feinen röthlichen Haaren besetzt, wodurch der Baum ein sonderbares rauhes Ansehen bekommt. Der Saame wird in Krain allzeit, bey uns aber niemals reif; und Miller mag dadurch wohl verleitet worden seyn, allgemein zu behaupten, daß der Stamm in England keinen Saamen trage. Die äußere Rinde ist braunroth und glatt. Das Holz ist glatt, grüngelblich, braun und schön gestreift. Man pflanzt diese Bäume sowohl durch den Saamen, als auch durch Ableger fort, welche in guten Boden in einem Jahre zum Ausheben genugsame Wurzeln haben, ungeachtet du Hammel bemerkt haben will, daß diese Zeit erst im dritten Jahre vorhanden wäre. Sie sind auch bey weitem nicht so zärtlich, als dieser Schriftsteller angiebt; denn bey uns leiden sie den Winter über eben so wenig, als nach Miller in England. Ein jeder Boden ist ihnen gleichgültig; sie werden aber nicht hoch, sondern bleiben strauchartig und knotig.

Wegen der schönen grünen Blätter, und des beschriebenen rauhen Ansehens, verdient dieser Baum seinen Platz in Gärten und Pflanzungen. In Spanien und andern Ländern bedient man sich der Rinde vom Stamme, und des Holzes zum Gelbfärben, insonderheit zu der sogenannten Feuillemortefarbe, und, mit Brasilienholz vermischt, zum Kaffee- und Kastanienbraun; die Wurzelrinde aber zu einem hohen Gelb, welches jedoch nicht von langer Dauer ist. Auch

wird

wird sowohl die Rinde als auch das Laub, welche eine zusammenziehende Kraft besitzen, zum Ledergärben gebraucht. Wenn die Stämme nur etwas dicker und höher wüchsen, so würde das Holz zu Fournirungen vortreflich seyn.

Gilben, heißt die zur gelben Farbe mit dem gewöhnlichen Ansott vorbereitete Waare in dem gelben Bade gelb färben.

Gilbe spannen, wird bey der Färberey gesagt, wenn man in einem ausgeleerten und gereinigten Kessel so viel Gilbkraut oder Schart streuet, als man nöthig findet, mit den Füßen feste zusammen tritt, und über solches ein starkes eisernes Creuz (um welches drey oder vier eiserne Reise befestigt sind) am Kesselrande befestiget, wodurch das Färbekraut, wenn der Kessel mit Wasser gefüllet ist, zu Boden gehalten wird, daß die Waare bequem darinn gefärbt werden könne.

Gilbkraut, Pfriemkraut, Kleinpfriemkraut, Lat. Genista, Fr. Geneſtrolle, Gênet des Teinturiers, ist ein holzigtes Gewächse, anderthalb Schuh hoch, welches kleine weiche rauhe, und wie mit Franzen besetzte kleine Aestlein hat. Seine länglichten und rauhen Blätter wachsen eines an dem andern, und als wie mit Gliedern zusammen gefügt. Die Blüthen stehen auf den Spitzen, sind klein, gelb, und wie die Blüthen an den Hülsenfrüchten gestaltet; nach ihnen folgen platte Schoten, und sind rauch. Die Wurzel ist holzigt, lang, und in viele Seitenwurzeln vertheilet. Dieses Gewächse wächset im Holz und bergigten Orten. Die Färber bedienen sich der Blätter und Blüthen zum Gelb- und Grünfärben.

Griechisch Heu, oder Bockshornsaamen, Lat. Semen foeni graeci, wird sowohl in Frankreich, als auch in Deutschland zwischen Bamberg und Nürnberg häufig gezogen. Das Kraut hat zweyfache Blätter, wie der Klee, und kleine weiße Blumen; wenn solche abfallen, träget es lange krumme ausgespitzte Hülsen, worinn dieser Saamen wächset, welche einem Horn nicht ungleich sind, deswegen es von den Griechen Bucera, oder Egoceras, von den Deutschen aber Bockshorn genennet wird.

H.

Hauptfarbe, dieser Name wird folgenden 5 einfachen Farben, als: der Blau- Roth- Gelb- Braun- und Schwarzen deswegen beygelegt, weil alle übrigen Farben von diesen fünfen abstammen, oder aus solchen zusammengesetzt sind.

J.

Indig, Indigo, Ital. Endaco, ist eine blaue feste Masse, welche die Indianer aus einer Pflanze, ze, Anil, spanisch Anillo genannt, zubereiten. Es giebt hiervon verschiedene Sorten, unter welchen diejenige, welche in der Handlung unter den Namen Indigo Quatimalo fiore bekannt ist, den Vorzug vor allen übrigen behauptet; besonders ist diese Gattung zu allen Sächsischblauen und grünen Farben die beste. Der feinste Indig von Quatimalo muß so leicht seyn, daß er auf dem Wasser schwimmet: Außer dieser beschriebenen Sorte, giebt es noch zweyerley spanischen Indig, nämlich: Indigo Quatimalo Cortè, und sopra saliente; diese beyden Gattungen sind viel geringer als die fiore. Die Sorte Cortè ist die schlechteste, und nicht viel besser als der Indigo St. Dominico, welcher aus den antillischen Inseln über Bordeaux und Marseille oder Amsterdam zu uns gebracht, und von den Färbern größtentheils zur Waydküpe gebraucht wird. Von diesem Letztern ist der fein gefeuerte, welcher inwendig, wenn man ein Stück zerbricht, und mit dem Nagel reibt, einen kupferfärbigen Glanz erhält, der beste. Wenn man den Indigo St Dominico aus der zweyten Hand erhält, ehe er noch ausgesucht ist, so findet man unter solchen öfters den 6ten oder 4ten Theil Violetindig, dieser ist viel leichter als der gefeuerte, folglich auch viel ausgiebiger. Letzterer wird in Ermangelung des Quatimalindigs zu Sächsischblau und grün mit gutem Erfolg gebraucht.

Der Javaindig, welcher wegen seiner sehr schönen blauen Farbe, und besondern Leichtigkeit, für den allerbesten und ergiebigsten sollte gehalten werden, ist zur Färberey auf Wolle gar nicht anzurathen, weil er allzuflüchtig ist.

K.

Kermes, Fr. Alkermes, Vermillon, Graine d' ecarlatte. Diese Körner wachsen auf einer Art kleiner Sträuche in unangebauten Gegenden in Frankreich, besonders in der Provence Languedoc und Roussillon. Man darf diese Körner nicht eher einsammlen, als bis sie recht reif sind, weil sie alsdenn vielmehr Farbe geben, als wenn sie zur Unzeit gesammlet würden. Dieses ist das erste Ingredienz, dessen man sich zur Scharlachfarbe bediente; da dieser Scharlach aus dem Kermes aber nicht so viel Feuer hat, und viel bräuner ist als derjenige, den man gegenwärtig aus der Cochenille färbt, so bedient man sich desselben auch nicht mehr zum Scharlachfärben, ohngeachtet die von demselben gemachte Farbe viel fester ist, und nicht so leichte Flecken annimmt, als jene aus der Cochenille. Die Venezianer gebrauchen heutiges Tags noch den Kermes zu ihrem Scharlach, welchen man insgemein den venezianischen Scharlach nennet. Zu Tunis und Algier wird eine große Quantität davon verbraucht, welcher von Marseille gezogen wird. Dieses Farbmatemateriale ist in Deutschland fast gar nicht bekannt, und wird beynahe gar kein Gebrauch davon gemacht, ohngeachtet es eine sehr feste Farbe giebt.

Knoppern, Nopper, ist ein den Galläpfeln sehr ähnliches Gewächs, welches in Hungarn sehr häufig auf alten Eichbäumen wächst. Es ist wie die Galläpfel, eine mißrathene Eichel, aber noch von unförmlicherer Gestalt, als die Galläpfel; die Färber bedienen sich derselben bisweilen anstatt der Letztern zu verschiedenen Reh- und andern Modefarben, wobey sie sehr gute Dienste thun. Bey der Leinenfärberey gebraucht man sie zum Schwarzfärben, worzu sie ebenfalls sehr gut zu gebrauchen sind, weil sie etwas weniges aufgelöstes Eisen enthalten.

Komposition, Scharlachkomposition vulg. angesetztes Scheidewasser, ist nichts anders als ein Gemische von gemeinem Wasser, Scheidewasser oder Salpetergeist, Sal armoniac, Steinsalz und gekörnten Zinn. Mit dem Scheidewasser und etwas wenigem gemeinen Wasser, wird vermittelst des Salmiaks und Steinsalzes ein Königswasser (Aqua regis) gemacht, und das gekörnte oder gedrehte Zinn darinn aufgelöst; nach der Auflösung wird noch eine verhältnißmäßige Quantität gemeines Wasser darzu gegossen, und wenn sich dieses Mengsel klar gemacht hat, so nennt man es Scharlachkomposition, welche zur Scharlachfarbe unentbehrlich ist.

Krapp, Grapp, Fr. Garance, ist die getrocknete und gemahlene Wurzel einer Pflanze, welche in Flandern und Seeland häufig gebauet wird; der beste wächst um Lille und Tournai. Die Krappwurzel ist röthlicht, von einem etwas bittern und zusammenziehenden Geschmack. Wenn diese Wurzeln das gehörige Alter und Stärke erreicht haben, werden sie gehörig getrocknet, und auf besonders hierzu geeigneten Mühlen gemahlen. In Tuchfärbereyen wird der Krapp sehr stark gebraucht, weil man mit diesem auf feine Tücher viele Farben, welche einen rothen Grund erfordern, ächt und fest braun färbt, wozu man zu wohlfeilern Waaren nur das gemeine Rothholz nimmt. In Cattun- und Zitzfabriken, werden mit dem Krapp, vermittelst Aufdruckung verschiedener Beizen, alle rothe, braune, violette und schwarze Farben gefärbt.

Küpe, ist eine Art von Kessel, welcher eine besondere cylindrische Form hat, und zur Blaufärberey gebraucht wird. In Zeugfabriken sind solche fast durchgehends von Kupfer, welche man an der obern Hälfte mit einer Mauer versiehet, die so viel Zwischenraum von der Küpe lässet, daß man solche mit Kohlen oder Brennholz heizen kann. Bey Tuchfärbereyen bedient man sich meistentheils noch ganz hölzerner Küpen, welche

von

von starken, zwey Zoll dicken lerchenbäumenen Taufeln, mit starken eisernen Reifen gemacht sind. Die Letztern haben die Unbequemlichkeit an sich, daß, so bald sie kalt werden, sie in einem nahe daran stehenden großen kupfernen Kessel geschöpft und erhitzt werden müssen. Erstere Art von Küpen, ist viel bequemer als Letztere, weil man sie immer in gleicher Wärme erhalten, folglich allezeit daraus färben kann. Man hat auch Küpen, die oben zur Hälfte von Kupfer, und unten von Holz sind; diese sind so bequem wie die ganz kupfernen, und sind viel wohlfeiler.

L.

Lerchenschwamm, Lat. Agaricum, Fr. Agaric, ist ein Schwamm, welcher auf dem Stamm des Lerchenbaums, (Laryx) sowohl in Orient als in Tyrol und dem Schwarzwalde zu finden ist, und aus runden, doch ungleichen und eckigten Schwämmen, so etwa eine Faust dick sind, besteht, hat auswendig eine röthliche graue Schaale, unter welcher ein ganz weißes sehr leichtes und mürbes Mark mit vielen Fäserlein enthalten, giebt anfangs einen süßlichen, zuletzt aber bittern etwas scharfen und anhaltenden doch widrigen Geschmack, kömmt auch aus Holland und Italien zu uns. Dieser Schwamm muß ein ganzes Jahr Zeit haben, bis er zu seiner rechten Größe kommt. Einige Gelehrte machen zwey Gestalten daraus,

 nämlich

rämlich das Männlein und Weiblein, jenes ist schwer, gelblich und holzigt, und wegen seiner Malignität nicht gebräuchlich, dieses aber wird, nachdem es zubereitet worden, in zwey bis drey Sorten getheilet, nämlich in den Agaricum musanumi, welcher schlecht ist, Finum, welcher der beste ist, und dann in die Rasuram agarici, welches die Schnitzlein sind, so zum andernmal abgeschnitten werden. Der beste muß leicht, zart und bitter seyn, und am trocknen Ort gehalten werden. Man bediente sich des Lerchenschwamms vor Zeiten zur Scharlachfärberey, heutiges Tags aber wird solcher nur zur Seidenfärberey gebraucht.

Lüften, heißt, die Waare, welche aus den Färbekesseln gebracht wird, auf einen Schragen oder hölzerne Tafel, Schläge- oder Faltenweiß auf einander legen, wodurch sie zugleich gelüftet und kühl wird.

M.

Muster, heißt bey den Färbern dasjenige Stückchen Tuch oder Zeug, welches ihnen wegen der Farbe zur Probe gegeben wird, um ein oder mehrere Stücke darnach zu färben; dieses heißt man nach dem Muster färben. Auch dasjenige, was die Färber am Ende eines Stück Zeuges oder Tuches währendem Färben abschneiden, um die Farbe desselben nach dem nachzuahmenden Muster

ster zu beurtheilen, wird ebenfalls Muster genannt.

O.

Orseille, (Orseille oder Orcheil) auch Raspa, ist der Name eines gewissen Gewächses, woraus ein dunkelrother Teig zum Färben der Wolle und Seide verfertiget wird. Ist eine Art Moos, so unter das Geschlecht des Lichen gehört, und auf den Steinen und Felsen an und in dem Meere wächst, deswegen es auch von den Italiänern Roccella, Felsenkraut, genannt wird, und woraus nachher mit der Zeit durch Verderbung dieses Namens die oben angeführte vielleicht entstanden sind. Es giebt zwey Gattungen dieser Gewächse, und wovon die eine Kräuterorseille, die andere aber Erdorseille genannt wird, und wird diese Letztere von den Franzosen in Auvergne, Lion und Languedoc Perelle genannt, ist eben so viel als der italiänische Name Roccella. Diese Erdorseille besteht dem äußerlichen Ansehen nach aus verschiedenen kleinen Schuppen von grauer Farbe, und wird von den Bauern von den Steinen und Felsen, auf den sie einen guten Messerrücken dick lieget, mit eisernen Instrumenten abgeschabt. Die Kräuterorseille wächst in verschiedenen Ländern außer Europa, vornemlich in den Canarischen Inseln, und auf den Capverdischen Inseln aus den Felsen, welche nach dem Meere zu sehen.

Vor diesem kostete der Centner zu Santa Cruz drey bis vier Piaster, aber jetzt muß man mehr als 10 Piaster davor geben, weil sie nach Europa stark abgehet. In Italien und der Levante wächst sie auch auf den Steinen und Felsen der Gebürge, aber nicht so häufig als in obgedachten Inseln. Sie ist auch nicht so gut den Teig daraus zu machen, und ist nicht besser als die Erdorseille, französisch Perelle. Die meiste von dieser Erdorseille kömmt aus St. Flour, in Auvergne; sie muß in schönen großen Schuppen, sehr grau, und recht trocken seyn, und wenig Unreinigkeit haben. Der Teig, der daraus gemacht wird, heißt auch Orseille, wird aber nur eigentlich aus der guten Kräuterorseille, die von den Canarischen und andern Inseln kommt, gemacht. Die Arbeiter, welche solche zurichten, machen ein grosses Geheimniß von der Zubereitung dieses Teiges; allein es ist ausgemacht, daß solches aus einer Gährung von Kalch, Urin, oder auch Salmiak, Soda, Salpeter oder Steinsalz dieser Moos bereitet wird; ja daß man auch solchen ohne alle andere Salze blos mit fermentirtem Urin und ungelöschtem Kalch zurichten kann; und wovon uns Herr Hellot durch seine damit angestellten Versuche Proben giebt. Er nahm ein halb Pfund Kräuterorseille von Cap Verd, hackte oder schnitt solche klein, und schüttete solche in ein gläsernes Gefäß, welches eben solchen Deckel hatte. Er goß alsdenn auf diese klein geschnittene Orseille

fermen-

fermentirten oder gegohrnen Urin darauf, so viel, daß alles durchweichte, und zwey Loth ungelöschten Kalch. Den ersten Tag rührte er alle zwey Stunden dieses Mengsel wohl durch einander, deckte solches aber allemal nach dem Umrühren mit dem gläsernen Deckel sorgfältig zu. Den andern Tag goß er noch ein wenig Urin und Kalch darzu, daß der Urin nicht über und drüber gienge, und rührte solche alsdenn diesen andern Tag viermal um, und die Orseille fieng eine Purpurröthe anzunehmen; allein der Kalch blieb weiß, ohngeachtet er bemerkte, daß wenn er den Deckel von dem Gefäß aufmachte, das flüchtige Wesen des Urinsalzes von sehr starkem Geruch war, und folglich sehr würksam in der Orseille und dem Kalch seyn mußte, er that deswegen den dritten Tag noch ein wenig Kalch und Urin dazu, und rührte solches viermal zu verschiedenen Zeiten um, und den vierten Tag fieng der Kalch eine Farbe von Purpur anzunehmen, und endlich war in Zeit von 8 Tagen alles in einen hellen Purpur verwandelt. Dieser Purpur wurde von Tage zu Tage immer dunkler, und in Zeit von 14 Tagen überhaupt war die Orseille zum Färben vollkommen gut. Es kömmt hier darauf an, daß der fermentirte Urin mit seinem scharfen Salz und durch Hülfe des ölichten Wesens die Orseille recht durchbeiße, und alle zur Purpurfarbe geneigte Theile auflöse und durchbeiße, und man könnte auf eben die Art auch andere dergleichen Mooße

und

und Kräuter zu verschiedenen Farben auflösen, wie denn auch jetzt gedachter Herr Hellot verschiedene weitere Versuche damit angestellet, und solche bewährt gefunden; wovon man in seinem Werk von der Färbekunst mit mehrern nachlesen kann.

Man macht diese Orseille in Genua, Paris, England und Holland, und von diesen Letztern kommen zwey Sorten, wovon die eine ein weicher Teig ist, von rother Farbe, und Türnesol genennet wird. Die andere aber, welcher eigentlich dieser Name im ausnehmenden Verstande zukömmt, ist hart wie ein Stein, und von blauer Farbe. Die erste wird auf oben beschriebene Art verfertigt, die andere aber bleibt selbst in Holland ein Geheimniß, welches niemand weiß, als die Nachkommen des ersten Erfinders; so viel ist gewiß, daß sie aus der Canarischen gemacht wird. Ueberhaupt ist die Holländische die beste.

Aus der Perelle oder Erdorseille kann zwar auch ein solcher Teig gemacht werden, und geschiehet solches auch zu Lyon, daher sie auch den Namen Lyonerorseille erhalten; allein sie giebt keine so schöne Orseille, als die Kräuterorseille, und kann solches entweder an der Zubereitung, oder auch an der Perelle selbst, welches auch am wahrscheinlichsten ist, liegen.

Ohngeachtet diese Masse eine schöne Farbe giebt, so ist sie doch, als Hauptfarbe allein, nicht beständig, am besten aber ist sie, andere ächte blaue

blaue oder rothe Farben damit zu schattiren, welches man jedoch mit andern weit wohlfeilern Materialien, bey der Wollefärberey ebenfalls bewerkstelligen kann. Ihre natürliche Farbe ist Purpurartig, die man Leingrau (Gris de Lin) oder Colombinfarbe nennt, weil sie der Farbe des Taubenhalses ähnlich, und diese nicht allein, sondern auch mit und ohne Zusatz, giebt sie von Pfirsichblüthfarbe bis zu Purpurviolet und Amarant die schönsten Farben. Die Probe einer guten Orseille ist diese: Man befeuchtet ein wenig von diesem Teige, und breitet solche auf der Oberfläche der Hand aus, und läßt solche darauf trocknen, nachher wäscht man sie mit kaltem Wasser ab; bleibt der Flecken davon auf der Hand, so ist sie gut, und man kann sich eine gute Würkung davon versprechen.

P.

Parthie, Part, ist der Name, den man einer gewissen Anzahl von Pfunden Wolle, Stücken Zeuge oder Tüchern giebt, welche auf einmal gefärbt werden sollen.

R.

Rothholz, Siamsappanholz. Japonholz, (Lignum Sapon) wächst in Siam in Ostindien, wo es die beste Farbe giebt, wie auch auf der Insel

sel Mauritii, und zwar so hoch, wie eine Linde. Sein Holz ist roth, und wird wie das Brasilienholz zum Färben gebraucht.

Röthe, insgemein Breßlauer Röthe genannt, Färberröthe, Lat. Rubia, tinctorum Radix, ist eine dünne lange und saftige Wurzel, mit einigen Knoten und Gelenken unterschieden, in- und auswendig roth, ohne Geruch, und giebt anfangs einen süßlichen, zuletzt aber bittern und etwas herben Geschmack. Das Kraut dieser Wurzel wird häufig in Flandern und Seeland gezogen, wächst aber auch in Schlesien um Breßlau herum sehr häufig, und giebt es ganze Dorfschaften, die sich mit dem Anbau desselben sehr stark beschäftigen. Von dieser Färberwurzel wird die bekannte und berühmte Farbe gemacht, welche unter den Namen Krapp bekannt ist. Man hat zweyerley Gattung, wovon die eine schlechterdings Färberröthe, die andere aber eigentlich Krapp genennet wird. Die erste wird aus der ganzen Wurzel, so wie sie gegraben wird, bereitet.

Der Krapp aber wird nicht aus der ganzen Wurzel gemacht, sondern es wird erstlich die äussere Rinde und der inwendige Kern davon genommen, das Uebrige aber, wird hernach zu einem gröblichen Pulver gemahlen, und also verführet. Die rechte und beste ist diese Letztere, und vornemlich war vor diesem die beste, welche aus Flandern kam, welche der Seeländischen vorgezogen

zogen worden; anjetzt aber ist die Schlesische eben so gut.

Die Röthe entstehet aus keinem Saamen, sondern aus Keimen und Pflanzen. Sie liebet die Feuchtigkeit, deswegen wartet man mit Einsetzung der Keime bis zum anhaltenden Regen, oder bis solcher vermuthet wird. Der Acker muß ordentlich gegraben, und Beete daraus gemacht werden, welche so breit sind, daß man von beyden Seiten nach der Mitte reichen kann. Diese Keime, welche zur Fortpflanzung der Röthe dienen, sind kleine Nebenwurzeln, und um solche zu erlangen, läßt man im Herbst, wenn man die Röthe einsammlet, ein oder zwey Beete zur Keimröthe stehen. Das Kraut dieser Keimbeete wird im Oktober oder November niedergebogen, und mit einer Zolldicken Erde bedeckt. Wenn die Witterung gut ist, schlagen sie schon im Herbst aus, sonst im Frühjahr. Im Ausgange des Aprils, oder im Anfange des Mayes hebet man die Keimröthe heraus, und pflückt dieselbe ab. Wenn nun der Acker bestellet ist, und die Beete gemacht sind, so ziehet man auf den Beeten Furchen, welche 8 bis 12 Zoll aus einander sind, und 4 Zoll tief seyn müssen, und leget die Keime in dieselbe dergestalt, daß solche drey oder vier Zoll von einander liegen, so aber, daß sie an die Seite der Furchen angelegt werden, und das Kraut, welches einer Hand lang ist, oben heraus stehet. Man bedeckt hernach die Keime mit der vorher aus den Furchen her-

aus

aus geworfenen Erde, und drückt solche mit den Händen auch wohl mit den Füßen fest an. Wenn die Keime sehr klein sind, leget man wohl zwey bis drey neben einander. Man muß bey trocknem Wetter die Röthe fleißig begießen, damit das Kraut nicht vertrocknet, weil sonst die Röthe keine starke Wurzel erhält. Alle drey oder vier Wochen wird die Obererde mit der Hacke aufgelockert, und von dem Unkraut gereiniget; ferner muß man sie im Monat Julius oder August umbiegen, und mit Erde bedecken, daß nur noch die obersten Spitzen zu sehen sind. (die Wurzel muß niemals entblößt werden) Es ist am besten, wenn man solche zwey Sommer durch stehen läßt, weil solche eine vorzügliche Röthe giebt, und die Wurzel wird weit dicker, als wenn sie nur ein Jahr stehet. Sie wird im Herbst heraus gegraben, von der Erde abgeschüttelt, das Kraut abgeschnitten und gereinigt, alsdenn auf einen lüftigen Boden gelegt und etwas getrocknet, ferner in einem Backofen, oder dazu gemachtem Darrhause nach und nach getrocknet; nachher mit eisernen Hacken oder Dreschflegeln, so viel wie möglich zerschlagen, und zuletzt gemahlen. Das Backen oder Darren kann in zwey Tagen geschehen, und wenn sie gemahlen wird, so wird in Holland das erstemal nur die äußere Rinde weggestoßen, welches Mullkrapp genennet wird, alsdenn was zum zweytenmal abgehet, wird unberaufter Krapp genennet, und endlich die inwendige Wurzel oder

Kerne

Kerne zermahlen, welches die beste und geraufte Krapp genennet wird.

S.

Sächsichgrün, Fr. Verd de Saxe, der Grund dieses Grünen ist ein Blau, welches durch die Vitriolsäure aus dem Indigo gezogen wird; man bedeckt es mit dem Gelben des indianischen Holzes, Wau, oder mit einem jeden gelbfärbenden Materiale, welches eine ächte gelbe Farbe giebt. Inzwischen beruhet der gute Erfolg von diesem Verfahren lediglich in der Wahl obiger Vitriolsäure, welche bey der Handlung unter dem Namen Vitriolöl bekannt ist, und in der gleichen Vertheilung dieser nämlichen Säure, wenn sie mit dem Blauen des Indigo beladen in den Kessel gethan wird, um ein Tuch oder Zeug schön lebhaft und glänzend Blau zu färben, ehe man ihm die gelbe Farbe giebt, um es Grün zu machen.

Wenn das Vitriolöl durch eine allzu große Menge wässerichter Theile geschwächt ist, so löset es auch den allerbesten und auserlesensten Indigo nicht auf, und ziehet nur ein häßliches Grau heraus. Ist der mit einem sehr starken und konzentrirten Vitriolöl und dem Indig gemachte blaue Extrakt in dem Bade des Kessels nicht gleich ausgetheilt, so setzet sich dieser Liquor, (weil er viel schwerer als das Wasser ist) in den Boden des

Kessels, und das Tuch, so man hinein bringt, nimmt die blaue Farbe sehr ungleich an, und kömmt mit verschiedenen Schattirungen aus dem Kessel.

Um dieser Unbequemlichkeit abzuhelfen, müßte man das schwache Vitriolöl durchs Destilliren verstärken; dieses Verfahren ist aber für einen Färber etwas schwer, und ist nicht zu begehren, daß jeder Färber das Destilliren durch die Retorde verstehen soll. Wenn man aber kein Vitriolöl haben kann, welches so wenig als nur immer möglich wässerichte Theile hat, so kann man Letztere durch ein schwaches Feuer mit heißem Sand davon treiben, welches stark genug ist, um sie durch den Rauch verdünsten zu lassen. Rauchet das Vitriolöl in dem nämlichen Grad der Wärme nicht mehr, so darf man versichert seyn, daß es stark oder sauer genug ist, um die blaue Farbe aus dem Indigo zu ziehen, folglich auch um eine gute Composition oder Tinktur zu machen. Diese Arbeit lässet sich sowohl in einer flachen irdenen Schüssel, als in einem jeden andern Geschirr verrichten, in deren Ermangelung kann man sich einer Schüssel von Sandstein bedienen, welche gut gebrennt ist, und keine Poros hat, oder endlich auch in einer wohl verglassirten erdenen Schüssel, welche gleichwohl aber zu dieser Arbeit nicht so geschickt ist, als ein Gefäß von Glas oder Sandstein.

Man nimmt daher eine steinerne Schüssel, setzt sie auf eine eiserne Pfanne, welche man zuvor über die Hälfte mit trocknem Sande angefüllet hat; diese Pfanne setzt man auf einen Ofen, welcher mit einem Roste und Aschenfall versehen ist; man macht anfänglich ein schwaches Kohlenfeuer in den Ofen, damit sich das Sandbad und das Geschirr, worinn sich das Vitriolöl befindet, nicht zu schnell erhitzt und zerspringt.

Das Vitriolöl, wenn es keinen wässerichten Dampf mehr giebt, fängt darauf an, saure Dämpfe von sich zu geben; um dieses zu erkennen, nimmt man ein Stück blaues, sogenanntes Zuckerpappier, hält es über das rauchende Vitriolöl, und siehet darnach, ob es alsogleich roth wird, in welchem Falle das Vitriolöl genug abgedämpft ist. Hierauf läßt man alles ein wenig verkühlen, und hebt die Schüssel aus dem Sandbade, welche man auf einen von Stroh geflochtenen Reif setzet, aber ganz nahe am Ofen, damit das Vitriolöl nicht an die feuchte Luft komme, wodurch es sonsten wieder so viel Wasser an sich ziehen würde, als es durch das Abdämpfen verloren hat.

Wenn dieser Liquor ganz kalt geworden, so schüttet man davon 8 Pfund in einen großen Topf von Sandstein, und löset darinnen nach und nach 2 Pfund fein pulverisirten Indigo Quatimalo auf, wie bereits bey Beschreibung der Sächsischgrünen Farbe gesagt worden.

Will man sich von seinem Vitriolöl versichern, daß es stark genug sey, so darf man nur 4 Loth davon in eine kleine gläserne Flasche thun, worunter man 1 Loth pulverisirten Quatimalo Indig mischet, und die Flasche mit Pantoffelholz gut zupfropft; man schüttelt es eine Zeitlang unter einander, und stellt es an einen temperirten Ort. Längstens nach einer Stunde, muß der lautere Liquor, welcher oben auf schwimmet, schon dunkelblau seyn, wenn das Vitriolöl stark genug ist; hat der Liquor aber nur eine häßliche graue Farbe, so ist es ein Zeichen, daß das Vitriolöl noch zu wenig konzentrirt ist.

Sächter, Gälte, ist ein kleines hölzernes Geschirr, welches ohngefähr 4 bis 6 Maas Wasser hält, und darzu dienet, daß die Färber die Farben darinn zusammen richten, ehe sie solche in den Kessel thun.

Salmiak, Lat. Sal ammoniacum, wird in bereitetes factitium, und in natürliches nativum getheilet. Von diesem wird gesagt, daß es in Lybien oder Arabien, von dem Urin der Cameele in dem heißen Sande durch die Sonnenstrahlen gekocht und gezeuget wird; wenn nemlich die Pilgrimme und Kaufleute mit ihren Karavanen ruheten. Dies ist aber noch nicht genugsam bestätiget worden, und scheinet vielmehr, daß dasselbe Salz eine große Gemeinschaft mit dem Salgemmä oder Steinsalz, als mit unserm Salmiak gehabt habe; doch ist nicht gänzlich zu leugnen, daß sich

sich auch an andern Orten heut zu Tage ein natürlicher Salmiak noch finde, indem nicht allein der Berg Aetna in Sicilien dergleichen Salz, so bald weiß, bald gelb, auswirft, sondern auch dergleichen bey Puozzolo, nicht weit von dem Vesuvio in Italien gefunden wird.

Weil aber dergleichen bey uns nicht zu haben ist, als wird aller Orten das gemachte (Sal ammoniacum factitium) gebraucht. Dies ist ein streifigtes, bitteres und schweres Salz, wird aus fünf Theile Urin, einem Theil gemeinen Salz, und einem halben Theil Kühnruß bereitet. Der beste ist, welcher trocken, schön weiß, mitten inwendig schön klar, und nicht schwarz, auch nicht viel Grund hat. Der Salmiak in Scheiben ist besser als der in Glocken. Je größern und durchdringendern Geruch er von sich giebt, wenn man ein wenig in der Hand mit lebendigem Kalch oder Potasche reibet, je besser ist er; er wird beym Färben vorzüglich zur Scharlachfärberey gebraucht.

Sandel, siehe Caliaturholz.

Schwarz, ist die fünfte von den in der Färberey bekannten Hauptfarben; diese enthält eine sehr große Mannichfaltigkeit von Schattirungen in sich, wenn man von der hellesten Silberfarbe anfängt, bis zum dunkelsten Eisengrauen und Schwarzen.

Schwefel, gelber Schwefel, Lat. Sulphur flavum, wird auch Kramschwefel genannt, er wird in in den Schwefelhütten, entweder aus gewissen schwefelichten Feuersteinen (welche gelblicht glänzend, und leicht zu schmelzen sind) durch Gewalt des Feuers gebrannt, oder auch aus schwefelichtem Wasser gekocht, und alsdenn in so lange Formen oder Röhren gegossen, wird aber nicht aus dem lebendigen oder natürlichen Schwefel gemacht, wie einige wollen, denn dieser ist sehr theuer und rar, sondern es ist der von oben beschriebener Materie gemachte Kramschwefel. Er kömmt meistens aus Irrland, Böhmen, Goßlar und andern Orten. Es wird in Neapel auch dergleichen gemacht. Man findet zweyerley Sorten, erstlich den gemeinen in langen Röhren, welcher schön gelb, leicht, zerbrechlich, inwendig glänzend und gleichsam crystallisirt ist, auch wenn man denselben in die Hand nimmt, knacken, und gleichsam Schläge von sich geben muß, wenn er gut und auserlesen seyn soll. Hernach einen bleichen und sehr feinen, welcher in runden Kuchen ist, und von einigen Jungfernschwefel genannt wird, weil man vorgiebt, das Frauenzimmer in Italien machte sich die Haare damit Gelb, welches aber wohl eine Fabel ist, indem man heut zu Tage die gelben Haare für keine Schönheit hält. Die Färber, insbesondere die Seidenfärber, brauchen solchen sehr stark, sowohl diesen, als auch den sublimirten und durch die Erhebung recht gereinigten Schwefel, oder sogenannte Schwefelblumen.

Stärke, Lat. Amylum, Fr. Amydon, ist ein aus dem feinsten Weizen verfertigtes Ingrediens, und wird bey der Färberey zum Scharlachfärben gebraucht; ob es schon für sich nichts färbt, so wird es bey der Schönfärberey doch für unentbehrlich gehalten.

Steinsalz, Lat. Sal fossile auch Sal gemmae, ist ein sehr hartes, helles und durchsichtiges Salz, eines scharfen, salzigten und etwas anhaltenden Geschmacks, und weil es also aus der Erde gegraben wird, so nennet man es Sal fossile, kömmt meistentheils aus Hungarn und Pohlen, man findet es auch in Calabrien, und in Spanien in Catalonien. Es sind dessen unterschiedliche Gattungen, unter welchen eine immer heller als die andere ist; entweder weiß, oder grau, oder roth; diese Farben entstehen daher, wenn dem Steinsalz in der Erde etwa ein Bolus oder andere Unreinigkeiten untermischt worden. Es muß schön groß, und in crystallischen Stücken kommen, welche doch leicht zerspringen, und sich in vierecktigte Stücklein schiefern.

V.

Verkühlen, wird mehrentheils von der Küpenblauen Waare gesagt, welche alsogleich, wie sie aus der Küpe kommt, verkühlt werden muß, damit sie ihre grüne Farbe, die sie aus der Küpe bringt, überall gleich in Blau verwandle, und nicht flammigt oder streifigt werde, welches im Gegentheil leicht geschiehet, wenn die blau gefärbte Waare nicht geschwind genug verkühlt wird.

Vitriolöl, Lat. Oleum Vitrioli, Fr. Acide Vitriolique, ist das allerstärkste, brennendste, feurigste und verzehrendste saure Salz, der höchsten Schwefelsäure ganz ähnlich, und fast einerley mit derselben, nur daß das Vitriolöl noch etwas metallische Theile hat. Es wird mehrentheils aus dem Zink- oder Eisenvitriol gemacht, und verliert bey seiner Verfertigung die gröbere erdigte metallische Theile, welche davon geschieden werden, und sich niederschlagen, und das saure Oel sind die feinste, konzentrirteste brennbare elementarische Theile davon.

Durch dieses saure Salz des Vitriolöls, und seine metallische feine brennbare Theile werden auf Wollen und Seiden, als thierischen Produkten, die so unvergleichlich schöne, feine und glänzende, blaue und grüne Farben gemacht, die unter dem Namen Sächsischblau und Grün bekannt sind.

Das starke konzentrirte, oder zweymal rektifizirte Vitriolöl ist das allerschwereste flüssige Wesen, dessen spezifische Schwere jene des Wassers mehr als zweymal übersteigt. Man kann annehmen, daß sich das Gewicht des Ersteren, gegen das vom Wasser, wie 17 gegen 8 verhält, und es ist möglich, daß es diese Angabe noch übersteigt. Wenn man mit der aus dem Vitriolöl und Indigo gemachten blauen Tinktur, Wollen oder Seiden kalt ohne alles Feuer färbt, so vertritt das Erstere die Stelle des Feuers, und macht die nämliche Würkung (obschon viel langsamer) als die kochende Hitze bey der gewöhnlichen Färberey.

Das Vitriolöl ist sehr geneigt, die Feuchtigkeit der Luft an sich zu ziehen, man muß es also vor derselben sorgfältig verwahren, weil es, sobald sich zu viel wässerigte Theile dabey befinden, den Indigo nicht gehörig auflöset. Man muß daher bey der Färberey, wenn man die gehörige Würkung vom Vitriolöl sich versprechen will, dasselbe vor und während der Auflösung des Indigo, vor aller feuchten Luft sorgfältig verwahren.

Vitriol, ist ein saures Salz, eines herben und zusammenziehenden Geschmacks. Man unterscheidet den Vitriol in den blauen, grünen und weißen; oder in den Kupfer- Eisen- und Zinkvitriol. Der blaue Vitriol hat seinen Ursprung aus dem Kupfer, dessen Auflösung den blauen Vitriol liefert. Dieses saure Salz, welches eine alkalische Erde bey sich hat, bekommt eben daher seine blaue Farbe, die sich daraus durch feuerbeständige oder flüchtige Laugensalze, besonders aber durch Letztere entwickeln läßt. Bey der Wollefärberey wird solcher zu den falschblauen Farben aus dem Blauholze gebraucht.

Der grüne Vitriol, oder Eisenvitriol (grünes Kupferwasser) ist eine durch saure Salze, nämlich durch Salpeter oder Vitriolöl, oder Salzsaures gemachte Eisenauflösung und Crystallisation, wobey sich die metallischen Eisentheile mit dem Sauren vereinigen, und zu grünen Crystallen mit einander anschiessen. Wenn ein Eisen viele Kupfertheile hat, so werden die Eisencrystallen ziemlich blaugrün. So siehet der Salzburger Eisenvitriol aus; der Admonter ist schon mehr grün, und der Englische ist noch grüner, oder mehr gelb als grün, und dieses ist allemal ein Beweis, daß er reiner ist als die andern. Von diesen grünen Vitriolen ist der Salzburger zur schwarzen Farbe auf Wolle der beste, weil er solche etwas auf blau disponirt; der Admonter giebt dem Erstern nicht viel nach, nur daß die schwarze Farbe etwas bräuner davon wird, weil er weniger Kupfertheile hat, und der Englische wird bey der Wollefärberey nur zu braunen Farben gebraucht, welche damit dunkel gemacht werden.

Der weiße oder Zinkvitriol, wird bey der Wollefärberey gar nicht gebraucht.

W.

Wayd, ist im eigentlichen Verstande ein Kraut, wird aber durch die Zubereitung zu einer Masse gemacht. Das Kraut hat viele Blätter, dem Wege=

Wegerich nicht ungleich, wächst in Frankreich, sonderlich in der Provinz Languedok, in dem Gebiet von Toulouse, St. Pabo, Mirepoix, Lavant und Alby. In Deutschland wächst solcher in der Gegend von Erfurt und Langensalza, wovon Letzterer gemeiniglich am besten zubereitet wird. Es giebt zweyerley Wayd, guten und schlechten, und um guten Wayd hervorzubringen, kommt es hauptsächlich auf guten Saamen an, und ob zwar der Saamen von beyderley Art einander ähnlich, so ist der, welcher gut ist, doch von dem andern darinn unterschieden, daß man solchen an den Blättern seines Krauts unterscheiden kann. Denn die Blätter des guten unterscheiden sich dadurch, daß solche dick und ohne Haare sind. Der böse aber, welcher den Namen Bastelburg führet, hat haarichte Blätter, deswegen denn, wenn man einen guten Saamen erhalten will, man darauf bedacht seyn muß, daß wenn man das Unkraut aus dem Wayd gegätet, man auch zugleich, und mit einer Arbeit das böse haarichte Waydkraut mit ausreißt, um den guten allein zu erhalten, und guten Saamen davon zu bekommen, weil sonst, wenn der böse stehen bleibt, nicht allein das Wesen und die Kraft des guten wegfrißt, und sich auf seinen haarichten Blättern mit Erde anfüllet, welches dem guten und ächten Wayd höchst schädlich ist.

Die Mittel, einen guten Wayd hervorzubringen, sind außer dem guten Saamen das gute

Wetter und der Jahreszeit diese: daß die Erde wohl gebauet, und eine rechte Wahl des Ackers getroffen werde. Die leichte Erde taugt gar nichts zu guten Wayd, sondern die fettere und mittelmäßige ist die beste. Die fette Erde giebt zwar einen guten groben Wayd, aber nicht so kräftig als die mittelmäßige, welcher weit kräftiger und farbenreicher wird. Nachdem muß er, so bald er in etwas aufgegangen ist, fleißig gegätet werden. Er wird des Jahrs vier- auch fünfmal gesammlet, nachdem das Frühjahr, oder die Zeit, wenn er gesammlet wird, feucht oder trocken ist, und alle Sammlungen unterscheiden sich nach einander sehr an der Güte, indem der erste allemal besser als der zweyte, und so fort an. Die allzugroße Feuchtigkeit macht zwar die Blätter größer und dicker, aber schwächer an Kräften. Die fünfte und sechste Sammlung wird auch noch bisweilen vorgenommen, allein die erste taugt nur dann in etwas, wenn der Herbst warm und trocken ist, die letzte aber, welche den Namen Marouchi führet, taugt gar nichts, doch wird derselbe oft unter den guten untermengt, und die Käufer damit betrogen. Es wird zur Einsammlung des Wayds nicht eher geschritten, bis die Blätter recht zeitig geworden, und dadurch einen Theil ihres schlechten Saftes, welcher ihrer Güte schadet, verloren haben. Sobald er eingesammlet ist, wird er getrocknet, und in dazu bereiteten Stoßtrögen gestoßen, auch nachher gemahlen,

mahlen, alsdenn bleibt er 8 auch 10 Tage in den Stoßtrögen liegen, in welchen aber dann die Spalten und Ritzen, die täglich darinn gemacht sind, um dadurch den Rest der übrigen Feuchtigkeit abtröpfeln zu lassen, wohl verstopfet werden. Durch das Stoßen und Mahlen ist er klein gemacht, und seine natürliche Feuchtigkeit macht ihn gleichsam zu einer näßlichen Masse. Wenn er nun die Tage, wie oben gesagt, in den Stoßtrögen gelegen hat, so macht man kleine Ballen daraus, welche man Coos nennt, leget solche auf Flechten (sind von Weiden oder andern Sträuchern, Ruthen geflochtene Läger oder Horden), welche über die Stoßtröge gemacht sind, um solche im Schatten trocknen zu lassen. Alsdenn verwahret man sie in trockenen Kammern, bis es endlich wieder im Januar, Februar und März zu Pulver gestoßen wird. Alsdenn feuchtet man solches mit stillstehendem Wasser, als welches, wenn es nur nicht unrein und fett ist, allezeit hierzu für das beste gehalten wird, rühret es hierauf vier Monat lang, dreyßig- oder vierzigmal wohl um, damit es sich nicht erwärme, und das Wasser überall durchdringe. Dann werden daraus Ballen gemacht, eingepackt und verkauft, und zum Färben verschickt. Es ist besser, wenn der Wayd alt ist, als neu, weil er alsdenn eine bessere Farbe giebt, zumal, wenn er von der guten Art gemacht worden. Es ist am besten, wenn man einen guten Wayd machen will, daß man die drey ersten

Samm-

Sammlungen der Waydblätter durch einander mischet. Noch ist zu merken, daß man den Wayd niemals mit Thau einsammlet, oder fremde Blätter mitnimmt, weil ihm das erste schädlich ist, und die letztern keine Farbe haben, sondern im Gegentheil von dem rechten Wayd die Kräfte an sich ziehen, und ihn verderben.

Dieser so bekannte Wayd ist diejenige blaue Farbe, womit die blaue Küpe vor diesem, ehe der Indigo bekannt worden, angerichtet worden, und auch noch jetzt mit dem Indigo vermischt, stark im Gebrauch ist.

Wau, Weide, Lat. Luteola, Fr. Gaude, ein Kraut, welches in den mehrensten Provinzen Frankreichs, theils angebauet, theils von sich selbst wächset; das Angebaute aber ist viel besser als das Wildwachsende. Es ist ein dem Flachs sehr ähnliches Gewächs, welches, wenn es gelb und reif ist, mit sammt der Wurzel ausgerauft, und im Schatten getrocknet wird. Auf den Spitzen der Stengel wachsen sehr kleine gelbe Blumen, worauf sehr kleine schwarzbraune runde Saamenkörner folgen. Derjenige Wau, welcher die dünnesten gelben Stengel hat, ist der beste. In Deutschland wird dieses Kraut selten reif genug, daß es zum Gelbfärben taugt.

Weinstein, ist nichts anders als ein vegetabilisches saures Salz, welches sich inwendig an die vollen

Wein-

Weinfässer wie eine Rinde anlegt, und aus den groben, erdigten und salzigten Theilen des Weins besteht. Je länger der Wein in einem Fasse aufbewahrt wird, je dicker legt sich der Weinstein an dasselbe an, und formirt zuweilen ordentliche Crystallen, welche jedoch fast nur bey dem sogenannten Bologneser Weinstein anzutreffen sind, weßwegen dieser auch am höchsten geschätzt wird. Der rothe Weinstein wird meistens nur zu dunkeln, der weiße aber zu hellern Farben gebraucht. Der präparirte Weinstein, oder Cremor Tartari, wird aus dem rohen, weißen und rothen Weinstein zubereitet, und dienet zu Verfertigung der allerhellesten Farben.

Winde, Haspel, Fr. Civiere, ist eine Art von beweglicher Welle, welche an beyden Enden mit 1 Zoll dicken hölzernen Scheiben versehen ist; auf diesen Scheiben sind 6 starke, glatt gehobelte Latten mit eisernen Ringen befestiget, und an jedem Ende dieser Winde ist ein dicker eiserner Zapfen angebracht, deren jeder in eine zu beyden Seiten des Kesselrandes befestigte eiserne Gabel zu liegen kommt. An dem vordern Zapfen ist ein Getriebe, welches einen halben Zirkel formiret, und mit einem Handgriff versehen ist, angeschraubt, wodurch die Winde in Bewegung gesetzt, und die Zeuge oder Tücher in den Kessel hin und wieder getrieben werden.

Z.

Zinn, Lat. Stannum, Fr. Etain, ist ein ziemlich weißes und leichtflüssiges Metall, welches nebst vielen schwefelichten Theilen auch etwas Mercurii in sich zu halten scheint; man findet in den Bergwerken dessen zweyerley, entweder gediegen oder in den Erzen. Jenes findet sich entweder an den Kanälen der Wässer, an welches es sich wie Sand anhängt, oder in ganzen Stücken. Dieses wird entweder aus den weißen metallischen Flüssen geschmolzen, oder wird aus den andern Zinnsteinen gebracht. Es giebt dreyerley Sorten, als das Malackische, Englische und Deutsche. Das Englische wird im allgemeinen Gebrauch am vorzüglichsten verbraucht. Die Färber brauchen solches zwar auch; allein noch lieber das Malackische, welches schon zu ihrem Gebrauch gemeiniglich zu ganz dünnen Plättchen geschlagen ist, auch von vielen Färbern für das vorzüglichste an Güte, vor allen andern gehalten wird. Indessen hat die Erfahrung bewiesen, daß das Deutsche, vornemlich das Schlaggenwalder, wenn es in große Barren gegossen, und von einem Zinngießer oder Drechsler in sehr dünne Spähne gedreht wird, bey der Scharlachfärberey eben so gute Dienste leistet, als jedes andere.

MIX
Papier | Fördert gute Waldnutzung
FSC® C083411

Zeitfracht Medien GmbH
Ferdinand-Jühlke-Straße 7
99095 Erfurt, Deutschland
produktsicherheit@kolibri360.de